生态文明：共建地球生命共同体

ECOLOGICAL CIVILIZATION
BUILDING A SHARED FUTURE FOR ALL LIFE ON EARTH

守护自然飞羽
GUARDIANS OF BIRDS

生态环境部宣传教育中心◎主　编

北京环保娃娃公益发展中心
“福特汽车环保奖”组委会◎副主编

图书在版编目（CIP）数据

守护自然飞羽 / 生态环境部宣传教育中心主编. --
北京：中国经济出版社，2022.12
（蓝星使者生物多样性系列丛书）
ISBN 978-7-5136-7016-6

Ⅰ. ①守… Ⅱ. ①生… Ⅲ. ①野生动物–普及读物 Ⅳ.
① Q95-49

中国版本图书馆 CIP 数据核字（2022）第 134156 号

策划统筹　姜　静
责任编辑　彭　欣　郑　潇
责任印制　马小宾
装帧设计　墨景页　刘秦樾

出版发行　中国经济出版社
印 刷 者　北京富泰印刷有限责任公司
经 销 者　各地新华书店
开　　本　880mm × 1230mm　1/32
印　　张　6
字　　数　95 千字
版　　次　2022 年 12 月第 1 版
印　　次　2022 年 12 月第 1 次
定　　价　68.00 元
广告经营许可证　京西工商广字第 8179 号

中国经济出版社　**网址** www. economyph. com　**社址** 北京市东城区安定门外大街 58 号　**邮编** 100011
本版图书如存在印装质量问题，请与本社销售中心联系调换（联系电话：010-57512564）

蓝星使者生物多样性系列丛书序言

FOREWORD TO THE EARTH GUARDIANS BIODIVERSITY SERIES

20世纪60年代，由雷切尔·卡逊所著《寂静的春天》一书，让全世界开始关注受化学品侵害的自然生物。面对环境污染、物种自然栖息地破坏等造成的生物多样性问题，1992年6月1日，由联合国环境规划署发起的政府间谈判委员会第七次会议在内罗毕通过《生物多样性公约》，并于同年6月5日在巴西里约热内卢联合国环境与发展会议上正式开放签署，中国成为第一批签约国。1993年12月29日，《生物多样性公约》正式生效。中国的积极建设性参与，为谈判成功及文件正式生效作出了重要贡献。

2016 年，我国正式获得《生物多样性公约》第十五次缔约方大会（COP15）主办权，这是我国首次举办该公约缔约方大会。2021 年 10 月 11 日至 15 日，COP15 第一阶段会议在云南昆明召开，国家主席习近平以视频方式出席领导人峰会并作主旨讲话，提出构建人与自然和谐共生、经济与环境协同共进、世界各国共同发展的地球家园的美好愿景，并就开启人类高质量发展新征程提出四点主张，宣布了包括出资 15 亿元人民币成立昆明生物多样性基金、正式设立第一批国家公园、出台碳达峰碳中和“1+N”政策体系等一系列务实有力度的举措，为全球生物多样性保护贡献了中国智慧，分享了中国方案，提出了中国行动。

虽然《生物多样性公约》已生效约 30 年，但生物多样性保护仍面临诸多挑战。联合国生物多样性公约秘书处2020年9月发布第五版《全球生物多样性展望》（GBO-5），对自然现状和“2010—2020年的20个全球生物多样性目标”完成情况进行了最权威评估。该报告指出，全球在2020年前仅“部分实现”了20个目标中的6个，全球生物多样性丧失趋势还没有根本扭转，生物多样性面临的压力仍在加剧，例如，栖息地的丧失和退化仍然严重，海洋塑料和生态系统中的杀虫剂等污染仍然突出，野生动植物数量在过去十年中持续下降，等等。事实告诉我们，全球正处于生物多样性保护的关键时期，实现人与自然和谐发展仍然任重道远。

唤起公众保护生物多样性意识，促进人与自然和谐共生是生态环境宣传教育的重要内容。这套蓝星使者生物多样性系列丛书以旗舰物种为重点，致力于讲述野生动植物的生存故事和人类与它们的互动故事。这些故事会让我们看到，身为食物链顶端的物种，我们有责任去维护自然界的完整与和谐。本套丛书共五册，分别是《豹在雪山之巅》《自然界的灵之长》《守护自然飞羽》《呵护水精灵》《探秘红树林》，由生态环境部宣传教育中心联合中国经济出版社有限公司、北京环保娃娃公益发展中心、“福特汽车环保奖”组委会共同策划实施。

本套丛书内容全部来自25家遍布全国的社会组织，故事和图片出自其中41位从事一线动物保护（研究）的工作人员，他们深入高山荒野，穿梭在丛林野外，游走于江海滩涂，掌握了许多珍贵的野生动植物第一手资料，这些动人的故事都将在这套丛书中集中呈现。本套丛书中涉及200余个物种，既包括人们比较熟知的雪豹、藏狐、金丝猴、绿孔雀、丹顶鹤、长江江豚等，也有相对小众却同样重要的高原鼠兔、白马鸡、乌雕、白眼潜鸭等。

在自然链条中，人与其他物种相互关联。人类没有条件在寂静的春天中独自生存和发展。阻止并最终扭转当前生物多样性的下降趋势，是人类社会共同的责任和价值。让我们先从认识生物多样性的价值，了解身边的“蓝星使者”开始吧！

田成川
2022年6月

目录

CONTENTS

01

高贵圣洁的绿孔雀

04

保护黑颈鹤

07

数万只猛禽飞掠山城

08

雉在四川——“大湾追鸡”

02

有两只丹顶鹤不愿离去

03

灾难下生生不息的青头潜鸭

05

震旦鸦雀的生存秘籍

06

黄胸鹀的秋迁之路

09

飞越喜马拉雅山脉的斑头雁

10

高原湿地的“鸟类大聚会”

高贵圣洁的绿孔雀，
从中国，
经东南亚地区，
到马来半岛，
都有分布。
健壮的体型，
绚丽的羽色，
洪亮的鸣声，
惊艳的开屏，
尽显“王”者之风。

THE GREEN PEACOCK: A SYMBOL OF NOBILITY AND SACRED 01

高贵圣洁的绿孔雀

孔雀，被称为“百鸟之王”。在中国传统文化中，绿孔雀被誉为“高贵和圣洁之物”。不管是敦煌莫高窟中的壁画，还是明清三品文官官袍上的补子图案、清代官员官帽上的孔雀翎，设计元素都源自绿孔雀。

绿孔雀在觅食　供图/阿拉善 SEE 西南项目中心

绿孔雀的分布区域和分类

绿孔雀（学名 *Pavo muticus*）一般生活在海拔 2500 米以下的热带、亚热带丘陵和河谷地带，在阔叶林、针阔混交林及稀树草地中栖息。绿孔雀，从中国经东南亚地区到马来半岛都有分布。它分为三个亚种，即云南亚种、印度亚种和爪哇亚种，在全世界仅有 1.5 万～ 3 万只野生绿孔雀。

云南亚种主要分布于缅甸南部、泰国东部、柬埔寨、老挝和越南，以及到中国南部。目前印度亚种可能已经灭绝，剩下最多的是云南亚种，但它们的分布已经碎片化，数量也很少，在中国仅存 600 余只，比 20 年前少了一半。

世界上现存的三种孔雀（刚果孔雀、蓝孔雀、绿孔雀）中，仅绿孔雀在中国有野外自然分布，是中国唯一的原生孔雀。事实上，人们在动物园里看到的孔雀，基本都是人工饲养的蓝孔雀或蓝、绿杂交孔雀，并不是纯种绿孔雀。相对来说，绿孔雀要珍稀得多，它被世界自然保护联盟（International Union for Conservation of Nature，IUCN）① 列为全球性濒危（EN）② 物种。

---

①世界自然保护联盟，于 1948 年在法国枫丹白露成立，总部位于瑞士格朗，是世界上规模最大、历史最悠久的全球性非营利环保机构，也是自然环境保护与可持续发展领域唯一作为联合国大会永久观察员的国际组织。

② 最新修订的 IUCN 物种红色名录（3.1 版）将核定的全球受威胁物种划分为 9 个级别：绝灭（EX）、野外绝灭（EW）、极危（CR）、濒危（EN）、易危（VU）、近危（NT）、无危（LC）、数据缺乏（DD）、未评估（NE）。

你知道如何区分蓝孔雀和绿孔雀吗？

从形态学角度看，绿孔雀和蓝孔雀主要从羽冠上进行区分。绿孔雀的羽冠是直直的簇，矗立在头顶，每根羽毛像柳叶；蓝孔雀的羽冠则是散开的，像把打开的小扇子，每根羽毛又似一个微型的羽毛球拍。

绿孔雀的颈部是绿色的，带有铜钱样的斑纹，而蓝孔雀的颈部是蓝色的，羽毛似丝状；蓝孔雀的翅膀有花纹，而绿孔雀的翅膀是海蓝色或绿色的。

绿孔雀的脸颊为黄色和宝蓝色，蓝孔雀的脸颊是白色，从羽冠、脸颊、颈部和翅膀这几方面可以直观区分绿孔雀和蓝孔雀。因此，从羽冠及其羽毛的外形就可以非常清楚地知道白孔雀是蓝孔雀的白化型。

林间的绿孔雀　　摄影 / 熊王星

绿孔雀的生活习性

绿孔雀通常是在一定的区域范围内活动的。在繁殖季节，雄孔雀占据某一个区域，雌孔雀则可以在不同的区域之间来回活动。雄孔雀的鸣叫行为具有明显的占域功能。

当绿孔雀的一个群体靠近另一个群体的活动范围鸣叫时，后者会立即移向靠近者鸣叫的活动范围边缘处鸣叫。通常鸣叫 2 ~ 3 天，直到前者离开鸣叫地点 1 天后，后者才会转移其鸣叫位置。与白冠长尾雉（学名 *Syrmaticus reevesii*）、大石鸡、红腹角雉等雉类相比，绿孔雀的栖息地更接近人类的居住地或活动地。但由于绿孔雀体型较大、羽色艳丽，因而更易受到人类活动的干扰。隐蔽条件、食物和水源等关键性生态因素，决定了绿孔雀的觅食地选择和可利用资源分布不均的特点。同时由于人为因素干扰和压缩了其可利用的适宜生境[①]，降低了生存环境的利用程度。如果栖息地较为陡峭且缺少水源，绿孔雀就会在河滩地中活动。栖息于缺水和陡峭山地的绿孔雀在旱季和繁殖季节前期到河滩地饮水、取食、求偶、沙浴。因为河滩地具有平坦、开阔，有沙地、有水源的特点，还能起到一定的隔离作用，比较安全。

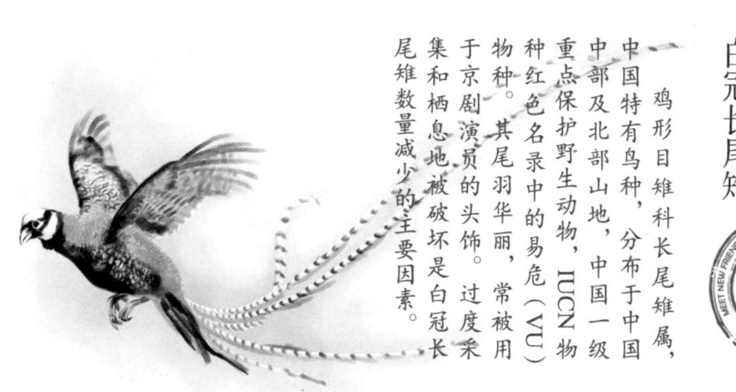

① 生境是指物种或物种群体赖以生存的生态环境。

绿孔雀和其他雉科鸟类一样，具有一定的群居性和占区性。它的鸣声洪亮、粗粝单调，不悦耳。在云南，绿孔雀于每年 2 月进入繁殖期，成年雄鸟会发出“aou,aou,aou”的占域鸣叫，声音响亮，虽远可闻。

绿孔雀通常为一雄多雌制，集结成小群体活动。每个群体中通常只有一只成年雄鸟，其余为雌鸟或亚成体。活动群体的大小随季节有所变动，一般在冬天集结成大群，其余季节则呈分散的小家庭群体活动。

红外相机拍摄的绿孔雀　　供图／阿拉善 SEE 西南项目中心

绿孔雀通常在高大的乔木上夜宿。每天清晨醒来后，它首先抖动和梳理羽毛，再下树觅食。春季和夏季，绿孔雀在取食后常到河边饮水，并在沙滩上进行沙浴或静栖。中午，绿孔雀主要在林缘或林中静栖，直到接近傍晚才再次出去觅食和活动，然后回到夜宿地栖息。绿孔雀的夜宿地多为山脊处高大的、以思茅松为主的针阔混交林，这样的地方既隐蔽又相对安全。夜栖时，绿孔雀飞落在树枝上后，常先警惕地四处张望，然后飞到较高的树枝上鸣叫一声，稍后落于更高的树枝上，最后落在接近树顶的树枝上。

绿孔雀吃什么？

绿孔雀英文名是 Green Peacock，其中 Peacock 的意思是吃豌豆的禽类。其实绿孔雀是杂食性动物，食物中植物和昆虫兼有，主要包括植物的花、果实和种子，也包括昆虫中的白蚁、蟋蟀、蚱蜢、金龟子、蝶、蛾等。绿孔雀甚至会捕食蛇类。但是绿孔雀特别喜欢吃豌豆和红薯等农作物，所以常常跑到豌豆等种植地里觅食。野生绿孔雀因为喜食农作物，常结群去树林边缘的农田区刨食农作物种子，会对农作物造成破坏。

绿孔雀食物麻栎
供图 / 阿拉善 SEE 西南项目中心

绿孔雀的繁衍

每年春季的 3 月，在林子里的开阔地带，可以看到数量比大熊猫还要少的、濒危的中国绿孔雀在尽情求偶的画面。

绿孔雀是一种正面求偶炫耀的鸟类。繁殖期，雄孔雀常面对雌孔雀展开并抖动其华丽的尾屏，呈现出靓丽的眼状斑。这种正面求偶炫耀行为，俗称“孔雀开屏”。实际上，孔雀开屏是由一系列动作构成的，其过程分为开屏、迴转、舞步、奏鸣、抖动、弄姿等多个步骤。不过，在笼养条件下，不仅雄孔雀会有开屏现象，连雌孔雀和幼鸟也会产生这种现象。同时，雄孔雀在没有雌孔雀的情况下也会开屏，甚至会对人类饲养的白腹锦鸡和研究人员展示其色泽艳丽的尾屏，这说明孔雀开屏行为可能并不完全与繁殖有关。

绿孔雀妈妈与幼鸟　　供图 / 阿拉善 SEE 西南项目中心

摄影 / 熊王星

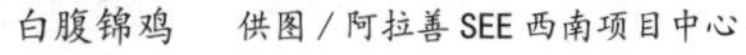
白腹锦鸡　供图/阿拉善SEE西南项目中心

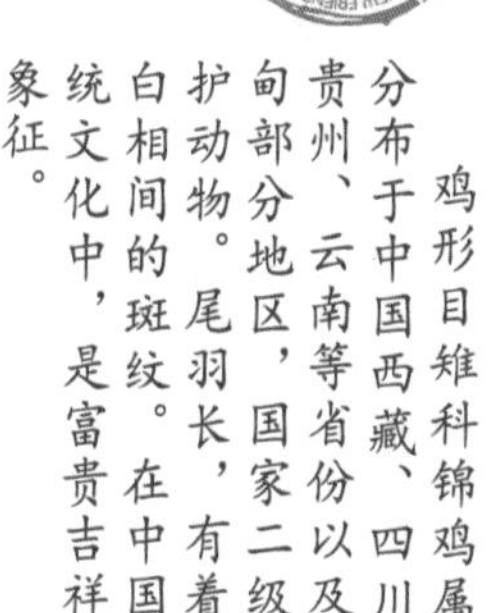

白腹锦鸡

鸡形目雉科锦鸡属，分布于中国西藏、四川、贵州、云南等省份以及缅甸部分地区，国家二级保护动物。尾羽长，有着黑白相间的斑纹。在中国传统文化中，是富贵吉祥的象征。

据文献记载，孔雀在全年均有开屏行为，但我们在笼养条件下的观察结果表明，绿孔雀这种求偶炫耀行为有明显的周期变化，即仅出现在每年11月至翌年5月，最高峰为2～3月。绿孔雀的求偶炫耀行为一天最多求偶炫耀20次，日均3.3次，两次求偶间隔最短时间仅1分钟，求偶时间平均为17.65分钟/次，观察到的最长开屏时间可达1小时28分。绿孔雀于每年三四月进入产卵期，通常营巢于隐蔽性较好的灌草丛地面上。它们的巢极其简陋，除用少量树叶、杂草垫于地面外，几乎没有其他材料。绿孔雀一年产1窝卵，一般为3～5枚。卵为椭圆形，呈乳白色或乳黄色，表面光滑无斑点，大小跟鹅蛋近似。孵卵的责任由雌鸟单独承担，约28天后雏鸟出壳，全身披黄褐色绒毛。幼鸟属早成性鸟，出壳后即可跟随雌鸟四处觅食。雄性幼鸟在3年后方长出华丽的尾屏。

两只觅食的绿孔雀　摄影 / 熊王星

保护绿孔雀

绿孔雀多选择在海拔相对较高、远离河流且有缓坡的区域产卵和育雏。一只雌孔雀平均带 3 ～ 5 只幼鸟，2 个月内的成活率为 100%。绿孔雀的繁殖习性与家鸡类似，在人工饲养条件下也比较容易繁殖。

但是，由于我国笼养绿孔雀的基因已受到与蓝孔雀杂交干扰导致被污染，所以极有必要聚集纯种绿孔雀，以筹备建立一个纯种的绿孔雀繁育种群，为今后绿孔雀的野化放归提供种源。绿孔雀生性机敏，在其产卵及孵化期时受到外界干扰，极容易出现弃巢行为。若在野外发现绿孔雀巢，请勿上前查看和干扰。

“向红外相机开屏”的绿孔雀　　供图／阿拉善 SEE 西南项目中心

本文原创者

杨晓君

中国科学院昆明动物研究所研究员、博士生导师。IUCN物种生存委员会委员、雉类专家组和鹤类专家组成员；原中华人民共和国国家级自然保护区评审委员会委员、原中国鸟类学会副理事长；云南省动物学会理事长、云南省野生动植物保护协会副会长。

阿拉善SEE西南项目中心

阿拉善SEE西南项目中心的“诺亚方舟”项目，致力于高山原始森林和高原湿地生物多样性保护，并针对濒危物种以及极小种群物种进行特别保护，努力探索人类社会与生态体系友善的依存关系。

“诺亚方舟”项目目前包括滇金丝猴保护、喜马拉雅蜂养殖与保护、濒危药用植物保护、高原江河土著鱼类保护、绿孔雀保护、亚洲象保护、保护区村庄和溪流垃圾不落地、山村生态卫浴、横断山新主植物园等保护。

初秋的辽河入海口，
晨色朦胧，
太阳逐渐升起，
染红了滩涂、苇花、潮沟……
洪亮的丹顶鹤叫声，
划破了清晨的静谧，
两只丹顶鹤翩翩而来。
越过秋冬，
跨过寒暑，
它们形影不离、互相陪伴，
在这里，
不愿离去。

02 TWO RED-CROWNED CRANES STAY IN LIAOHE ESTUARY WETLAND

有两只丹顶鹤不愿离去

丹顶鹤（学名 *Grus japonensis*）是大型涉禽，杂食性。它在春季以草籽及作物种子为食。夏季的食物较杂，动物性食物占比较多，主要为小型鱼类、甲壳类、螺类、昆虫及其幼虫等，也食取蛙类和小型鼠类；植物型食物则有芦苇的嫩芽和野草种子等。

5月，丹顶鹤在湿地的芦苇中穿行　摄影／田继光

清晨的丹顶鹤夫妇

天色刚刚露出鱼肚白，夜晚住在辽河口鸳鸯沟老周酒店的鸟类摄影师国强和九哥就悄悄起床了，他们要趁天色未明，潜伏到新建的黑嘴鸥觅食地，等待那对丹顶鹤出现。这两只丹顶鹤是留鸟，既不北上也不南迁。10 月中旬，辽河入海口的湿地早晚温差较大，太阳出来之前，气温只有 1℃ ~ 2℃，让人明显感觉到秋天的阵阵凉意。

晨色朦胧，他们向那对丹顶鹤经常出现的湿地望去，未见到丹顶鹤的踪影。远处薄雾弥漫，偶尔有几声鸟鸣。

太阳逐渐升起，染红了潮水退去的滩涂，染红了簇拥在一起的苇花，染红了湿地里东西走向的潮沟……凤头䴙䴘（学名 *Podiceps cristatus*）看到有人过来，一下子钻进水里，然后远远地从水面钻出，还回头看看威胁是否靠近。几只红嘴鸥（学名 *Chroicocephalus ridibundus*）在水面盘旋，白色翅膀展开，迎着阳光，呈现出金黄色。大杓鹬（学名 *Numenius madagascariensis*）潜行在碱蓬草里，弯弯的喙沾着泥。苍鹭（学名 *Ardea cinerea*）一动不动地站在水中，圆圆的眼睛在朝阳的映照下明亮、金黄，等待鱼儿游到跟前，一嘴下去便叼上来。白鹭（学名 *Egretta garzetta*）的体态比苍鹭的小一些，

凤头䴙䴘

摄影 / 田继光

亦称『冠䴙䴘』『浪裹白』，䴙䴘目䴙䴘科䴙䴘属。颈修长，具有显著的深色羽冠，下体近白色，上体纯灰褐色。繁殖期成鸟颈背呈现栗色，颈部具有鬃毛状饰羽，以鱼为食。在欧洲、亚洲、非洲和大洋洲都有凤头䴙䴘或其亚种分布。

红嘴鸥

俗称『水鸽子』，体形和毛色都与鸽子相似，体长37～43厘米，翼展94～105厘米，体重225～350克，平均寿命32年。嘴和脚皆呈红色，身体大部分羽毛呈白色，尾羽黑色，脚和趾为赤红色（冬季转为橙黄色），爪为黑色。

摄影 / 田继光

大杓鹬

摄影 / 田继光

体型硕大，成鸟体长63厘米。嘴甚长而下弯，比白腰杓鹬色深而褐色重，下背及尾是褐色，下体皮黄。飞行时展现的翼下横纹不同于白腰杓鹬的白色。栖息于低山丘陵和平原地带的河流、湖泊、芦苇沼泽、水塘，以及附近的湿草地和水田边，有时也出现于林中小溪边及附近开阔的湿地处。主要以甲壳类、软体动物、蠕形动物、昆虫及其幼虫为食。有时也吃鱼类、爬行类和无尾两栖类等脊椎动物。繁殖期为4～7月，每窝产卵4枚。繁殖于中国内蒙古东部，俄罗斯西伯利亚东部、东南部，堪察加半岛和萨哈林岛。在菲律宾、印度尼西亚新几内亚、澳大利亚和新西兰越冬。

绿头鸭

雁形目鸭科鸭属鸟类，中型鸭类。体长47～62厘米，体重约1千克，外形大小和家鸭相似。雄鸟嘴为黄绿色，脚为橙黄色，头和颈为绿色，颈部有一明显的白色领环。上体黑褐色，腰和尾部覆羽为黑色，两对中央尾羽亦为黑色，且向上卷曲成钩状，外侧尾羽为白色。胸为栗色。翅、两胁和腹为灰白色，具有紫蓝色翼镜。翼镜上下缘有宽白边，飞行时极醒目。雌鸭嘴为黑褐色，嘴端呈暗棕黄色，脚为橙黄色，具有紫蓝色翼镜，翼镜前后缘有宽阔的白边。

摄影／田继光

苍鹭

鹈形目鹭科鹭属的涉禽，也是鹭属的模式种。头、颈、脚和嘴均甚长，因而身体显得细瘦。其上半身羽毛主要为灰色，腹部为白色。成鸟的过眼纹及冠羽为黑色，飞羽、翼角及两道胸斑为黑色，头、颈、胸及背为白色，颈具黑色纵纹，余部为灰色。幼鸟头及颈的羽毛虽灰色较重，但无黑色。虹膜为黄色，喙为黄绿色；脚偏黑色。叫声为深沉的喉音呱呱声极似鹅的叫声。

摄影／田继光

大白鹭

大白鹭（学名 *Ardea alba*）是大中型涉禽，成鸟的夏羽全身乳白色，鸟喙黑色，头有短小羽冠，肩及背部的长蓑羽一直向下伸展，有的会超过尾羽尖端10多厘米。蓑羽羽干基部强硬，羽端渐小，羽支纤细分散。成鸟的冬羽是背无蓑羽的，头上也无羽冠，虹膜为淡黄色。

此鹭栖息于海滨、水田、湖泊、红树林及其他湿地。大白鹭只在白天活动，步行时颈劲收缩成S形，飞行时颈亦如此，并且脚向后伸直，超过尾部。以甲壳类、软体动物、水生昆虫以及小鱼、蛙、蝌蚪和蜥蜴等动物性食物为食。主要在浅水处涉水觅食，也常在水域附近的草地上慢慢行走，边走边啄食。

摄影／田继光

7月，丹顶鹤在湿地碱蓬草中觅食　摄影/田继光

它们没有耐心等待鱼儿的出现，而是四处寻找。数十只绿头鸭（学名 *Anas platyrhynchos*）不知道被什么惊起，像一群歼击机样起飞，掠过碱蓬草、掠过芦苇，冲上天空，左右盘旋一番后，又潜入湿地深处……

这时，天空中传来丹顶鹤洪亮的叫声，这叫声有两分嘶哑、八分高亢，划破了湿地清晨的静谧，其他的鸟鸣全部偃旗息鼓。“丹冠黑翅白衣仙子”飞来了，这派头有点像古代的县官出行——衙役鸣锣开道，百姓肃静。记得清朝一品文官官服上绣的就是仙鹤图，

4月，丹顶鹤在湿地黄绿相间的芦苇上掠过　摄影/田继光

是不是受此启发呢？具有中国传统文化底蕴的人，在听到丹顶鹤的叫声时，总会想起《诗经·小雅》里的一句诗："鹤鸣于九皋，声闻于天。"

主角出场了！两只丹顶鹤翩翩而来，落在距离国强和九哥潜伏地点的几百米处，优雅地在碱蓬草丛里走来走去。它们左衔一嘴、右叼一口。两只丹顶鹤之所以每天到此，主要是因为这块湿地与大海连通，涨潮、落潮都会带来小鱼小虾，还有沙蚕在此繁衍。

但是，国强和九哥与丹顶鹤的距离仍然较远，他们只能在相机

11 月，初冬湿地的丹顶鹤　摄影 / 田继光

的取景框内观察，并没有按下快门。鸟类摄影家拍鸟，不仅要拍摄到鸟的特殊姿态，更要拍摄到鸟的眼神，这样拍出来的才是好作品。拍摄鸟比钓鱼更需要耐心，国强他们只能耐心等待……

不知道是什么惊动了这两只丹顶鹤，它们三五步助跑，扑扇了几下翅膀，就飞了起来，到了一定的高度，再扑扇几下翅膀，呈滑行姿态。国强和九哥举起相机，“咔、咔、咔……”一通连拍。这两只丹顶鹤起飞时的背景是红色的碱蓬草，抬升时，它们脚下是芦苇尖，再往上是蓝天，远处的山峦也被收入镜头。两只丹顶鹤一前一后，飞过一个油田中正在修井作业的架子和一辆橘黄色的工程车。丹顶鹤的白色羽毛泛着朝阳金黄的光芒。国强说，这些片子应该命名为“生态文明与工业文明的冲突”。

早期丹顶鹤的生活环境

20世纪80年代初，当地很多人把自己的城市称为“鹤乡”，城市里还建设了“鹤乡小区”和“鹤乡小学”。

其实，丹顶鹤、白鹤都是以辽河入海口为中转站。早春二月，它们从南方翩然而至，降落在小道子河、酒壶嘴、北圈河、辽河两岸觅食。降落在小道子河、酒壶嘴、北圈河、辽河两岸觅食，多时有五六百只，少时也有二三百只。初春的辽河口湿地河沟中的冰还没有完全融化，丹顶鹤会在朝南的坝埂上左衔、右啄地找一些草籽和根茎类的东西，也会在未开化的冰排上站立并起舞，在融化了的河边喝水，并寻找一些死鱼。

在辽河入海口湿地逗留十来天后，这些丹顶鹤恢复了体力，它们继续飞往繁殖地——黑龙江的扎龙及周边地广人稀的地方。鸟类需要一个远离人群的广阔空间繁衍后代。如今的辽河入海口经历了人类大规模活动，生态环境失去了原始状态。人类为了获取更多的自然资源，发明了各种机械、器具和化学制品，活动能力迅速提高，活动范围也迅速扩大，却不经意间侵占了丹顶鹤及其他鸟类生存的空间，灭绝了它们的食物。

摄影 / 田继光

两只留下的丹顶鹤的家

11 月末，湿地已经泛黄，风似乎也小了许多，几乎所有的候鸟都已经南飞，这里略显寂寥。

当再次来到辽河入海口时，那两只丹顶鹤还没有走，它们顺着潮沟，左衔衔、右啄啄。两只丹顶鹤形影不离、互相陪伴。后来保护区的玉祥主任说，这两只丹顶鹤不走了，就在鸳鸯岛的芦苇丛里过冬。有人担心在这里越冬的丹顶鹤缺乏食物和饮用水水源。玉祥主任说，油田有一口热水井，冬天自流，那里不结冰。实际上，人们的担心是多余的，它们既然愿意留下来，就一定有其生存之道。第二年夏天，爱好鸟类摄影的张大哥说，他看到那两只丹顶鹤了，还带了两只小丹顶鹤，是这两只鹤产下的小鹤。他说知道它们的巢建在哪里，最好别割芦苇，给它们留下栖身之地。于是，有人写了一份建议上交给保护区管理局。最终，那片芦苇被保留下来。

8 月，丹顶鹤在红滩绿苇间行走　摄影 / 田继光

辽河入海口湿地里的丹顶鹤

对辽河入海口湿地里的丹顶鹤了解最深的人，莫过于养鹤人赵仕伟。他是辽宁省鹤类繁育基地的管理员，养鹤、喂鹤、繁育鹤28年，从收养3只受伤的丹顶鹤开始，到现在他已经把种群扩大到了200多只。

赵仕伟是位40多岁的中年汉子，说话慢条斯理，头发是自来卷，面色黑红，身穿迷彩夹克工作服。我们去拜访他的时候，正赶上他给饲养的丹顶鹤喂食。

8月，丹顶鹤在湿地潮沟徘徊　摄影／田继光

鹤的食物是上年秋天收购的小鲫鱼，被存放在冷库里。在喂食前，要用自来水冲去鱼身上的血水和泥，然后用小推车推着，挨个给鹤笼子里的鹤换食。喂鹤的食具是半截铁桶，赵仕伟先用铁钩子钩出铁桶，倒掉里面的残留食物，然后在边上的水渠里将桶涮涮，

舀一两舀子小鲫鱼和水倒入桶里，再用钩子将桶送进鹤笼。繁育基地的鹤被分为两组，一组是十多只配对的夫妻鹤，它们在笼中交尾、筑巢、产卵、抱卵……有的夫妻鹤养育了一只小鹤，有的养育了两只小鹤。有了新食物，鹤母亲或鹤父亲就叼出小鲫鱼，用嘴衔碎了，喂给小鹤。

辽河入海口　摄影 / 田继光

有几只野生丹顶鹤没有被圈养，而是在鹤基地飞来飞去。有时候，它们也会来蹭点笼养丹顶鹤的吃喝。有一只野生雄鹤在一个住有一家三口的鹤笼子外边筑了巢。赵仕伟说：“这只雄鹤一直守候着笼子里的雌鹤，天天围着笼子转。”这是一份什么样的感情啊！赵仕伟给前来参观的学生讲的课也非常有趣。他问：“丹顶鹤的尾巴是什么颜色的？”很多学生回答是黑色的。

赵仕伟解释说：“其实丹顶鹤的尾巴是白色的，初级飞羽是黑色的。黑色的翅膀合拢起来，使尾巴看上去是黑色的。”几句话就引起了学生极大的兴趣。

又是一年，辽河入海口湿地的鸳鸯岛上，野生丹顶鹤的数量多了起来，形成第二、第三、第四个组别：有一组是夫妻，有一组是一家三口，还有一组是一家四口。专注拍鸟类的摄影人元彪对此一清二楚。鸳鸯岛的西角是这些丹顶鹤的觅食地，它们早晚出现的时间很有规律，元彪拍到了很多精彩瞬间。国庆节前几天，年轻的延时摄影师王禹在航拍鸳鸯岛红海滩时，发现了 4 只丹顶鹤漫步在红滩绿苇之间。他采用环绕拍摄的方法，获得了极品影像，微信公众号发布的视频被《人民日报》的《这色彩，很中国》选中，并将视频中的图片设置为封面。深圳的野生动物摄影师野生鹏来湿地拍片，就赶上了这两只丹顶鹤在刚刚清塘的养殖池里觅食。在晨光里，一只丹顶鹤叼着一条“扔巴鱼”，鱼鹤之间在搏斗，鹤头左摆右晃，水滴四溅，光影效果极佳。见多识广的野生鹏不禁慨叹：不虚此行。

辽河入海口红滩和绿苇中的丹顶鹤　　摄影 / 王禹

听丹顶鹤养殖专家赵仕伟说，辽河入海口位于丹顶鹤的迁徙路线上，也是丹顶鹤繁殖的最南端、过冬的最北端。如果把笼养的几百只丹顶鹤都放出来，让其处于半饲养、半野生状态，或许还能扩大鸳鸯岛的野生丹顶鹤种群。如果囚禁这些应该展翅翱翔于蓝天的丹顶鹤一生，多少有些残忍，我觉得人们也会因此自责。

本文原创者

田继光

2007年创建盘锦保护斑海豹志愿者协会，组织民间力量保护西太平洋斑海豹。2010年获评中国“十大海洋人物”；2011年获得福特汽车环保奖；2012年获得中国水生野生动物保护海昌奖。编著出版了《辽东湾斑海豹科普影像》（2012年由中国海洋大学出版社出版）。2019年创建盘锦湿地保护协会，长期深入湿地观察野生动物和鸟类。

盘锦湿地保护协会

2019年5月22日成立，其前身为2007年成立的盘锦保护斑海豹志愿者协会。主管单位为盘锦市林业和湿地保护管理局。目前，拥有会员约3000人，致力于成为辽河入海口滨海湿地生态环境和生物多样性的坚定守护者。

梁子湖青头潜鸭巡护队出发了！
巡护队员与政府部门和媒体代表一道，
共同为守护行动许下承诺。
即便在汛期，
他们依然结伴同行，
坚持不懈地搜索和观察，
按原定计划完成巡护工作。
守护湿地，
守护青头潜鸭的家园，
留住极濒的它们，
他们在行动！

BAER' S POCHARDS LIVING IN WUHAN 03

灾难下生生不息的青头潜鸭

青头潜鸭（学名 *Aythya baeri*）是雁形目鸭科潜鸭属鸟类，为东亚特有物种。它们的分布区域较分散，种群数量在 20 世纪末急剧减少，于 2012 年被 IUCN 物种红色名录列为极危（CR）物种。

飞越繁殖地的青头潜鸭们　供图 / 胡刚

青头潜鸭是中等体型的潜鸭，胸部羽毛为深褐色，腹部和两胁羽毛为白色，翼下羽及二级飞羽为白色，飞行时黑白相间的翅膀背羽尤为醒目。雄性青头潜鸭在繁殖期具有亮绿、偏黑的头部和颈部羽毛，雌鸟的体色则以褐色为主。成年雄鸟的虹膜为白色，雌鸟的虹膜为褐色。

青头潜鸭仅在求偶时才发出粗哑的叫声，其他季节较为安静，基本不会发出叫声，是相对敏感的潜鸭属水鸟。

青头潜鸭的危机

2020 年初，新冠肺炎疫情的暴发改变了我们的生活，如今，英雄的城市武汉已经战胜了灾难，人们也终将战胜所有磨难。

在武汉，与人类生活在一起的青头潜鸭于 2021 年被正式列为国家一级重点保护野生动物，它们已经成为 IUCN 物种名录里全球数量仅存 500 ~ 1000 只的极危（CR）物种。

几十年来，随着人类活动和大规模捕杀，青头潜鸭的栖息地不断丧失，迁徙和繁殖越发艰难，曾经遍布中国各大淡水湖区的青头潜鸭，减少了 90% 以上的个体。李承龄等对洪湖 1981—1990 年 10 年间野鸭捕获量进行的分析显示，三四十年前，洪湖每年有成百上千只青头潜鸭被捕杀。

表1 捕获野鸭的种类密度 （单位：密度＝只/铳）

Tab. 1 The species and density of wild ducks hunted

种类	1981		1982		1983		1984		1985	
	只数	密度	只数	密度	只数	密度	只数	密度	只数	密度
罗纹鸭（*A. falcata*）	9745	31.33	17249	39.56	4676	21.25	12209	2.81	22659	40.46
赤颈鸭（*A. penelope*）	4428	14.24	1193	2.74	963	4.38	3579	8.15	7919	14.14
赤膀鸭（*A. strepera*）	2164	7.0	720	1.65	1083	4.92	3972	9.05	4438	7.93
琵嘴鸭 *A. clypeata*）	1100	3.55	129	0.30	270	1.23	648	1.48	550	0.98
针尾鸭（*A. acuta*）	1434	4.61	191	0.44	126	0.57	-	-	101	0.18
绿头鸭（*A. platyrhyncho*）	1940	6.24	1375	3.15	501	2.28	399	0.91	1649	2.9
斑嘴鸭（*A. poecilorhynchos*）	103	0.33	64	0.15	19	0.09	224	0.43	1505	2.69
花脸鸭（*A. formosa*）	3537	11.37	5351	12.27	178	0.81	1462	0.33	1456	2.60
绿翅鸭（*A. crecca*）	6292	20.24	4608	10.57	3141	14.28	6249	14.23	3187	5.69
青头潜鸭（*Aythya baeri*）	1947	6.26	234	0.54	-	-	2958	6.74	1563	2.79
红头潜鸭（*Aythya ferina*）	457	1.47	1099	5.52	1376	6.25	-	-	649	1.16
斑头秋沙鸭（*Mergus albellus*）	10	0.03	-	-	431	1.96	12	0.03	156	0.28
年度总计	33161		32213		12764		31712		45832	

种类	1986		1987		1988		1989		1990	
	只数	密度	只数	密度	只数	密度	只数	密度	只数	密度
罗纹鸭（*A. falcata*）	8961	21.09	4774	7.51	1097	1.67	325	1.20	6	0.02
赤颈鸭（*A. penelope*）	12412	29.20	5541	8.71	9605	14.78	4121	15.26	526	1.55
赤膀鸭（*A. strepera*）	2639	6.21	4915	7.73	970	1.49	124	0.46	263	0.77
琵嘴鸭（*A. clypeata*）	163	0.38	488	0.77	549	0.84	48	0.18	80	0.24
针尾鸭（*A. acuta*）	7	0.02	263	0.41	3	0.004	-	-	7	0.02
绿头鸭（*A. platyrhynchos*）	1206	2.8	485	0.76	141	0.22	121	0.45	243	0.71
斑嘴鸭（*A. poecilorhyncha*）	134	0.32	419	0.66	53	0.08	78	0.29	9	0.03
花脸鸭（*A. formosa*）	144	0.34	475	0.75	8	0.01	-	-	43	0.13
绿翅鸭（*A. crecca*）	1650	3.88	3284	5.16	894	1.38	641	2.37	483	1.42
青头潜鸭（*Aythya ferina*）	5267	12.39	435	0.68	8372	12.88	1873	6.94	319	0.92
红头潜鸭（*Aythya ferina*）	1443	3.40	458	0.72	2723	4.19	500	1.80	1078	3.16
斑头秋沙鸭（*Mergus albellus*）	129	0.30	87	0.14	384	0.59	147	0.54	-	-

资料来源：摘自《中山大学学报》1995 年第 3 期。

守护缘起

青头潜鸭是能够潜水觅食的鸭子，它们的取食对象更多是水生的动植物。在繁殖期，它们需要大量的挺水植物进行遮挡和隐蔽。只有鱼虾却不见水草的湖水，即使水源干净，也无法使它们在此长期生活。

长满喜旱莲子草（学名 *Alternanthera philoxeroides*）的地方不是一片好的栖息地
供图 / 胡刚

摄影 / 胡刚

2011年1月，在长江中下游水鸟同步调查中，在武汉梁子湖发现了上百只青头潜鸭的越冬群体。但是它们倏忽出现，又突然消失了。在发现它们的湖畔，慢慢地进行着开发建设。青头潜鸭越冬时曾经待过的湖面，现在已经因为水产养殖变得一片死寂。

在此后的10年里，谁也不知道它们去了哪里。

摄影 / 胡刚

延伸阅读 EXTENDED READING

青头潜鸭的栖息地——梁子湖

梁子湖是湖北省蓄水量第一、面积第二的淡水湖，东西长82千米，南北长22千米，由316个湖汊组成，湖面面积近42万亩，流域面积3260平方千米，常年平均水深3米。全湖由东梁子湖、西梁子湖、牛山湖组成，大体呈三菱形。国家AAAA级旅游景区梁子岛、省级梁子湖湿地自然保护区都位于梁子湖境内。青头潜鸭、水雉等国家一、二级保护动物在梁子湖繁殖，有数以万计的雁鸭类水鸟（如小天鹅、灰雁、凤头潜鸭和罗纹鸭）在梁子湖越冬。

直到最近几年，武汉道大自然观察工作室（以下简称“武汉道大工作室”）的调查人员在“任鸟飞梁子湖水鸟调查”项目中重新发现了它们的存在——青头潜鸭默默地隐藏在梁子湖的湖汊里。几十年来，它们生活在被压缩得越来越小的湖泊湿地里，艰难地延续着整个种群。

梁子湖里一只孤独的雄性青头潜鸭　供图 / 胡刚

从全国同步调查到梁子湖青头潜鸭巡护队

2020 年 1 月初，武汉道大工作室受邀参加湖北省长江生态保护基金会（Changjiang Conservation Foundation, CCF）[①] 联合朱雀会 [②] 发起的青头潜鸭全国同步调查。在梁子湖的这个冬天，他们记录到 170 多只越冬的青头潜鸭。青头潜鸭分成了两个不同的越冬群体，在分属于武汉市和鄂州市的梁子湖湖区里，平静地过冬。

2020 年 1 月，调查人员记录到大群青头潜鸭集群越冬，
其中混有少量的白眼潜鸭（学名 *Aythya nyroca*） 供图 / 胡刚

---

① CCF 是由阿拉善 SEE 生态协会长江项目中心 38 位企业家和北京市企业家环保基金会共同发起成立的，是湖北省首家由民间发起的地方性环保非公募基金会。CCF 致力于通过开展以拯救长江江豚、中华鲟、青头潜鸭等旗舰物种为核心的长江大保护工作，构建企业家、高校、科研院所、非政府组织 NGO 和公众等共同参与的社会化保护平台，带动并扶持民间环保 NGO 的成长，凝聚更大的社会力量应对气候变化，为长江生态保护和可持续发展作出贡献。

② 昆明市朱雀鸟类研究所，简称朱雀会，成立于 2014 年，致力于搭建观鸟组织与社会各界力量合作的平台，通过公民科学的方式，多方位深入推动鸟类与自然保育工作。

春节前，武汉道大工作室制订了更密集的梁子湖调查和巡护计划。为了确保青头潜鸭顺利越冬，在凛冽的寒风中，工作室一刻也不曾停歇。

但由于突如其来的新冠肺炎疫情，一切都被按下了暂停键。

2020 年 4 月，青头潜鸭的调查巡护工作紧急恢复，武汉道大工作室做好一切准备，马不停蹄地赶往梁子湖。

抵达梁子湖之前，大家曾乐观地期待：封城期间因为封锁严格，会不会让包括青头潜鸭在内的野生动物的处境变得好一些。

然而，现实情况却不容乐观。当地村民反映，疫情期间由于物资供应不足，加上无法复工，靠湖的村民为了维持生计，又开始了“靠

2020 年初春，飞过梁子湖的青头潜鸭　供图 / 胡刚

水吃水”的生活。他们下湖采摘藕带、非法捕捞，甚至用电捕鱼等，因为执法力量在疫情期间难以对他们进行有效监管，此类违法行为频繁发生。

所有这些破坏行为都严重危害了青头潜鸭栖息地的环境。2019 年，工作人员曾在生机盎然的湖区一角发现的青头潜鸭的筑巢繁殖地，如今已难觅踪影。

CCF 紧急启动了“梁子湖青头潜鸭巡护队”项目，于 2020 年 5 月底公开招标。武汉道大工作室通过申请，成为项目执行方，在 CCF 的指导下，联合当地政府和村民组建巡护队，保护梁子湖中青头潜鸭的繁殖地。

梁子湖青头潜鸭巡护队在“6•5”世界环境日这个特殊的日子正式成立。除了 CCF、武汉道大工作室及 3 位巡护队员外，政府林业部门的代表和媒体记者也来到了成立仪式现场，并被委以名誉队长的重任，作为政府和媒体的代表共同为守护行动许下承诺。

经过紧张的培训之后，巡护队员开始了在梁子湖青头潜鸭繁殖地的日常调查和巡护工作。期待在不久的将来，青头潜鸭会在巡护员家门口的虾塘里生儿育女，繁衍生息。

每年 5 ～ 8 月是青头潜鸭繁殖的关键时期。青头潜鸭夫妻会选择水草丰美、隐蔽安全的湖区筑巢，努力在长江中游汛情到来之前，

楚天都市報

全心全意为市民服务

2020年6月 6 日 星期六
庚子年闰四月十五

官方网站：http://www.ctdsb.net

官方微博 看楚天APP 官方微信

新闻热线
86777777

武汉发布
今年普通高中招生计划
近半初中毕业生
能上优质高中
A03

昨日，在武汉东湖新技术开发区滨湖街道方咀村梁子湖畔，由该区国土资源和规划局、湖北长江生态保护基金会、卓尔公益基金会等单位共同参与的梁子湖青头潜鸭巡护队正式成立。被誉为"鸟中大熊猫"的青头潜鸭，全球种群数量仅约千只。位于武汉和鄂州之间的梁子湖，如今已成为青头潜鸭的重要栖息和繁殖地。为保护这一全球极度濒危物种，东湖新技术开发区成立了这支梁子湖首个青头潜鸭巡护队，本报记者黄士峰被聘为巡护队荣誉队长。

楚天都市报记者刘孝斌 黄士峰 摄影报道

成立梁子湖巡护队
护卫"鸟中大熊猫"

《楚天都市报》头版报道了梁子湖青头潜鸭巡护队正式成立

供图 / 胡刚

巡护员熊端端家门口的青头潜鸭（雌雄混杂）
摄影 /《楚天都市报》黄士峰

把小鸭子孵出来，小鸭子也要尽快地成长。它们长得越快，存活的概率就越大。否则，等待它们的只有洪水带来的灭顶之灾。

巡护队的重要工作之一，就是在每年的春季和夏季，日复一日地巡护梁子湖中青头潜鸭繁殖地的湖岸线，尽可能地排除任何潜在的威胁，守护它们的水上家园。

新生

在 2020 年初夏，巡护队员的无私付出终于获得了回报。调查人员终于在水草丰美的梁子湖中记录到青头潜鸭的幼鸟。

在汛期到来之前，青头潜鸭努力地繁衍着种群。巡护队员则顶着盛夏的烈日，全力以赴，守护它们、守住它们狭窄的生存空间。

艰辛的付出总算有所收获，生性敏感、害羞的青头潜鸭，不再害怕巡护队员了。这是日复一日坚守在青头潜鸭繁殖地的巡护队员得到的最大鼓励。

雄性青头潜鸭紧跟在雌性青头潜鸭身后，7 只小鸭围绕在它们身边　摄影 / 胡刚

雄性青头潜鸭　供图 / 巡护队员胡杨

巡护队员通过在巡护过程中坚持不懈地搜索和观察，已经对项目区域的青头潜鸭的作息时间和出没地点了如指掌，甚至能近距离地观察它们，并用手机拍摄相对清晰的照片。巡护队员的辛勤付出，既保护了青头潜鸭免遭各种人为干扰和威胁，又为研究青头潜鸭繁殖期的活动规律提供了宝贵的一手数据和图文资料。

巡护队员熊端端在进行日常巡护，
不远处她在湖边的家已被淹没　供图 / 胡刚

武汉汛情

2020 年，武汉所有物种都经历了严峻的考验。7 月，在漫长梅雨季的侵袭下，洪水来势汹涌，居住在梁子湖畔的居民受汛情影响严重，处境尤为艰难。这也给巡护队员的工作带来了极大冲击，甚至威胁到他们的生命和财产安全。

秋冬季的青头潜鸭繁殖地，即使在一片萧瑟中也露出着别样的美好。

秋冬季的青头潜鸭繁殖地　供图 / 胡刚

然而，2020 年 7 月，这里变成了一片泽国。

汛期被洪水淹没的青头潜鸭繁殖地　供图 / 胡刚

巡护队员熊端端在湖边的家已经被淹没，她只能撤离。不久前摄影记者拍到的青头潜鸭，就在她家门口的虾塘里栖息觅食，甚至在她家的菜地里，还出现过另一种国家一级保护动物黄胸鹀的身影。

汛期中，当地政府联合巡护队员们冒雨行动，
拆除在繁殖地留存了几十年的历史遗留渔业设施　供图 / 胡刚

如今，这些道路、池塘和田地都被洪水淹没，只能看见一片浑浊的汪洋。

所幸，巡护队员没有受伤，他们依然每天穿梭在被淹没的陆地边缘，坚持按照既定路线完成巡护工作。多数青头潜鸭在梅雨季到来之前完成了繁殖，整个初夏它们都在为繁殖做努力。因此，它们没有像其他水鸟的父母那样，在汛期来临时，手忙脚乱地垫高水中的巢，以防止巢被损坏。

洪水之中，青头潜鸭活动的水域更加靠近人类聚居的陆地，被彻底淹没的大片水草能再给它们提供庇护场所。接下来几年的繁殖季中，巡护队员和调查人员需要付出更多的心血，需要更加细致地工作，才有可能让每一代青头潜鸭宝宝年复一年地平安长大。

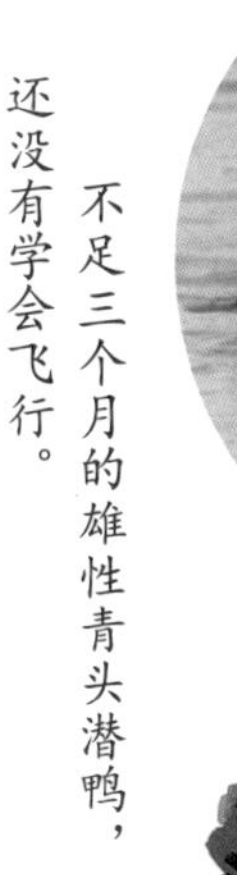
不足三个月的雄性青头潜鸭，还没有学会飞行。

雄性青头潜鸭　绘图 / 王含灵

候鸟归来——一个关于承诺的故事

2020 年 8 月，调查人员在梁子湖再次记录到成长了的青头潜鸭幼鸟，也很幸运地近距离拍摄到了它。这是一只还不会飞的雄性幼鸟，它见到调查人员的身影后，划着水游进了水草深处。

8 月过后是天高气爽的秋天，这只幼鸟会很快学会飞行，长成漂亮的雄鸟，在某个地方找到接纳它的越冬种群。接下来，它还会找到自己的伴侣和繁殖地，在某个地方组建自己的家庭生儿育女……或许，它也会回到出生的地方。

每年夏天都有数十只青头潜鸭在梁子湖的某个角落里繁殖；每年冬天都有数百只青头潜鸭及其他成千上万的冬候鸟飞越大半个中国来此越冬。

候鸟归来，是一个关于承诺的故事。

年复一年，不管经历多少灾难，只要栖息地还在，它们都会回到往年的同一水域、同一湖区，甚至是同一口池塘。

人类在这里承诺：守护湿地、守护青头潜鸭的家园，留住极濒的它们。

本文原创者

胡刚

自然名“北落师门”，博物爱好者。武汉道大工作室项目负责人，负责鸟类调查相关的公民科学项目。从事中小学生物和自然教育工作10年，自2016年离开讲台后，便全身心地投入自然教育和保护项目中。在NGO工作的5年以来，曾与武汉大学生命科学学院合作，作为生态学野外实习指导教师带领本科生在野外考察和学习。在日常工作中，他也带领上万名中小学生走进自然，在观鸟和博物观察中亲近自然，在行动中保护自然。

作为北京市企业家环保基金会“任鸟飞梁子湖和上涉湖”项目负责人，他在两个湖区的鸟类调查中发现了极危鸟类青头潜鸭的栖息地和繁殖活动，从此开始了与极危动物青头潜鸭的缘分。

在青藏高原的年保玉则，
野生动植物丰富，
吸引了扛着“长枪短炮”的拍摄者，
迎来了保护自然的研究者。

在这里，
乡村绿色先锋记录自然，
藏族女性组成保护小组保护黑颈鹤。
他们，
成为黑颈鹤和这片土地的守护者。

04 PROTECT BLACK-NECKED CRANES 保护黑颈鹤

2017 年夏天，张姊怡接到正在美国耶鲁大学攻读自然保护和文化人类学联合博士的高煜芳老师的邀请来到年保玉则，看望那里的黑颈鹤（学名 *Grus nigricollis*）和保护黑颈鹤的藏族同胞。

年保玉则生态环境保护协会[①]（以下简称“年措”）在青海省果洛藏族自治州久治县的白玉乡主干道旁的一个小院子里。在那里，张姊怡见到了已经是藏族小伙模样的高老师、保护黑颈鹤的藏族妇女、以放牧为生的牧民和其他几位协会成员，度过了世外桃源般的 4 天。

年措的活动极具本土特色，富于创造性并且卓有成效。参与活动的大多数人虽不是科班出身，但这并不妨碍他们在雪山峭壁上跋涉，扛起“长枪短炮”拍摄雪豹。藏族同胞对自然和生命的敬畏使他们对自然保护工作特别长情。

① 出于对家乡生态环境的热爱和对自然与社会变迁的担忧，当地僧人和牧民于 2007 年成立了年保玉则生态环境保护协会。他们利用业余时间调查当地的野生动植物，监测冰川、雪山和气候变化，并且结合传统与现代科学知识，向牧民和学生开展环境保护宣传教育活动。协会致力于记录并保护年保玉则的生态多样性，以及与环境保护密切相关的传统文化。

“黑颈鹤仙女”索德吉

年保玉则位于青海、四川和甘肃三省交界处，属巴颜喀拉山脉的最高峰（5369米），这是一座备受果洛藏民尊崇的“神山”。在藏语里，“年保”的意思是“珍贵”，“玉则”的意思是“山巅上的绿松石”。

美丽的年保玉则　供图／年保玉则生态环境保护协会

年保玉则是青藏高原上野生动植物较丰富的地区之一。根据年措开展的生物多样性调查，这片区域至少有高等植物620种、哺乳动物52种、鸟类176种、两栖类9种、昆虫220种，其中很多是国家级保护动物，包括珍稀的“高原神鸟”黑颈鹤。为了保护黑颈鹤，年措于 2011 年鼓励生活在黑颈鹤栖息地周边的妇女组成了黑颈鹤保护小组。14 位 20 ~ 50 岁的藏族妇女，因为喜爱黑颈鹤、保护黑颈鹤走到了一起，被称作“黑颈鹤仙女”。

“黑颈鹤仙女”合影　　供图 / 年保玉则生态环境保护协会

到达年保玉则的第二天，张姊怡一行决定去年保玉则的鄂木措圣湖附近拜访其中一位“仙女”索德吉。从白玉乡开车半小时，沿山路翻过一座山，穿过一个小村落后，就到达了鄂木措。这里还没有进行旅游开发，眼前的草场一直延伸到远处的山上，两个相连的湖泊镶嵌其中。有 9 户牧民生活在这里，他们以天为盖、以地为席，与野生动物为伴，以放牧为生。

张姊怡一行在鄂木措碰到索德吉和她的丈夫时，他们正在一户牧民帐篷前的草地上喝着酥油茶聊天。索德吉皮肤黝黑，双手因为常年劳动而皮肤粗糙，说起话来一副害羞的模样。但是当她讲起黑颈鹤时却滔滔不绝，兴奋的神情在两坨“高原红”的衬托下显得更加可爱。索德吉说，她开始保护黑颈鹤的原因很简单，就是因为喜欢这种可爱的小鸟，不忍心看到它们被伤害。在藏区多年形成的文化里，所有生命都是平等的，所有生命都渴望离苦得乐，大家十分认同自然保护这件事，保护野生动物几乎就是他们的日常生活。

索德吉住在鄂木措的措鲁湿地附近，每年夏天都会有成双成对的黑颈鹤从南方飞来，在这里产卵、孵化小黑颈鹤。据索德吉说，一般黑颈鹤会在每年4月飞到年保玉则，5月在湿地里寻找庇护条件比较好的地方产1 ~ 2枚蛋（卵）。6月，索德吉一家从冬季牧场搬到措鲁湿地附近的夏季牧场，再过十几天，小黑颈鹤就会孵化出来，她的保护工作也主要发生在这段时间。

黑颈鹤幼鸟
供图／年保玉则生态环境保护协会

索德吉每天都会留心观察黑颈鹤一家的情况，一天天看着小黑颈鹤长大，记录它们什么时候飞过来、什么时候离开。在她的影响下，身边的人也对黑颈鹤保护工作越来越上心。索德吉的丈夫也非常喜爱这种可爱的小鸟，特别支持她做黑颈鹤保护工作，每次都是他骑着摩托车将索德吉从草场送到白玉乡参加年措的培训活动。

索德吉家附近的草场　供图 / 年保玉则生态环境保护协会

索德吉的邻居也知道她所做的事情，常常告知她湿地里黑颈鹤的情况。有一次，索德吉的邻居对她说："你的黑颈鹤叫得很凶。"索德吉赶紧过去查看，发现有游客靠近黑颈鹤后，立刻制止了他们。在黑颈鹤刚刚下了蛋的时候，任何人都不能靠近黑颈鹤的蛋，一旦有人触碰了这枚蛋，黑颈鹤就会将其抛弃，不再孵化。在索德吉没有从事黑颈鹤保护工作之前，经常有很多游客进入索德吉所在的草场，在里面搭帐篷过夜。游客闯入黑颈鹤筑巢的湿地偷鸟蛋的情况时有发生，对黑颈鹤的繁殖造成了极大的破坏。

现在42岁的索德吉是5个孩子的妈妈，她每天中午都会去查看她的黑颈鹤，听话的孩子和家人的健康让索德吉感到非常幸福和快乐。

湿地边的黑颈鹤　　供图／年保玉则生态环境保护协会

“鸟活佛”扎西桑俄

扎西桑俄是藏传佛教宁玛派的一位堪布，即精通佛学经典并获得一定学位的高僧。他从小就喜欢观察大自然，特别是各种鸟类。13岁，他便在青海省果洛州久治县的白玉达唐寺出了家，之后多年在藏区四处云游，在学习佛法的同时记录了青藏高原上400多种鸟类。他还热衷于鸟类绘画，创作了许多惟妙惟肖的作品。

在当地藏族百姓眼里，扎西桑俄是堪布，是老师，是麻雀转世的“鸟活佛”，是一位不循规蹈矩地在寺院打坐念经，而到处奔波的“流浪喇嘛”。在别人眼中，扎西桑俄是民间科学家、纪录片拍摄者和当地的乡村绿色先锋。越来越多的人前来拜访扎西桑俄。他们说：“他太厉害了！”“他太可爱了！”“他是特别生动的一个人！”北京大学的吕植教授对扎西桑俄的评价也非常高——他是一个天生的科学家，扎西桑俄让我们看到了民间环境保护的巨大力量。由他带领的年措工作在过去几年蒸蒸日上，获得了当地政府和社会各界的认可与支持。

扎西桑俄手绘作品
供图 / 年保玉则生态环境保护协会

2011 年，扎西桑俄发起成立了黑颈鹤妇女保护小组。

在找到 14 位藏族妇女加入保护小组之前，年措成员对黑颈鹤的习性和栖息地做了长时间的观察与研究。黑颈鹤每年都会飞到同样的地方栖息和繁殖，需要大片的湿地作为它们的庇护所。

过去，湿地的水很深，可以很好地将黑颈鹤的天敌隔离在外面。然而，近些年，受气候变化的影响，湿地的情况变得不如往年，黑颈鹤被天敌干扰的情况时有发生。

黑颈鹤的栖息地　　供图 / 年保玉则生态环境保护协会

年措成员开会讨论后，认为由居住在黑颈鹤栖息地附近的妇女组成保护小组是最可行的措施。因为在夏天黑颈鹤飞来年保玉则时，很多男性都在外地打工，家里只有女性操持，而且黑颈鹤在藏族文化里被视作女性的神鸟，因此由妇女参与保护工作是最合适不过的。于是，年措在 14 个已确定的黑颈鹤繁殖地周围找到了 14 位当地牧民组成黑颈鹤保护小组，让她们参与黑颈鹤的监测、记录和巡护。

在扎西桑俄看来，与男性相比，女性更富有同情心，对野生动物更加怜悯，也会更主动地参与保护。年措每年会把“黑颈鹤仙女”聚在一起分享经验，还组建了一个只有 14 位“黑颈鹤仙女”的微信群，让她们能够在此自由地交流和发表意见。扎西桑俄说，目前，藏区几乎没有完全由女性参加的公益项目，他希望未来能够把这个黑颈鹤保护项目的模式运用到其他保护项目中，让藏区的女性能够更多地参与社会活动，也让她们看到自身拥有的巨大能量。“我希望以后藏区的妇女也能自由一点，做一些她们想做的事情。”

“黑颈鹤仙女”们　供图 / 年保玉则生态环境保护协会

两只黑颈鹤　绘图 / 柠檬 A 米

“冲冲王子”曲加

在曲加家温暖客厅的地垫上，柔和的光线透过满是水雾的窗户照射着金黄色的墙壁，隐约能看到窗外蓝得发亮的天空和乱石嶙峋的山脉。

据说，这里是年保玉则雪豹分布最多的山沟。年措实习生陈雨菲时常拿起全新望远镜瞄准对面的山脊线，看看有没有大型兽类的踪影。

陈雨菲实习期的目标是把“9•9 公益日”众筹的望远镜交给分散在年保玉则各地的黑颈鹤保护小组的成员，并了解他们多年来监测、保护黑颈鹤的工作与面临的问题，以便年措能更好地支持他们。

在来年保玉则之前，陈雨菲还不知道14名“冲冲拉姆”（“黑颈鹤仙女”）成员中，有曲加这样一个“另类”，作为小组里唯一的男性，他顺理成章地被封上了“冲冲王子”的头衔。

黑颈鹤的幼鸟　供图 / 年保玉则生态环境保护协会

扎西桑俄曾经开玩笑说：“我们在这个地方没有找到合适的‘仙女’，如果有的话，一定要把他换下去啦。”实际上，在扎西桑俄和年措的现任会长更尕仓洋的心中，曲加是一个特别认真、踏实的年轻人，也是非常优秀的协会成员，他们对曲加抱有很大的期望。

曲加是2011年最早加入黑颈鹤巡护小组的人员之一，他家于20多年前搬到日干沟这片夏季草场。曲加自有记忆起便每年都能看到家附近的湿地上有黑颈鹤做窝，所以他非常了解这个地方黑颈

延伸阅读
EXTENDED READING

黑颈鹤是杂食性鸟类，以绿色植物的根、芽为食，食软体动物、昆虫、蛙类、鱼类等。其天敌有猛禽、狼等。

鹤的生存状况和湿地的变化情况。20 多年来的每个夏天，黑颈鹤都在同一块湿地上筑巢，但 2018 年却换了一个地方。曲加观察到黑颈鹤原先使用的湿地逐渐干涸了，可想而知，这会使流浪狗、狐狸等捕食者更容易吃到小黑颈鹤，游客或来此挖药材的外地人也更容易靠近防御力几乎为零的小黑颈鹤。

夏季草场　供图 / 年保玉则生态环境保护协会

一提到黑颈鹤，曲加便滔滔不绝地同更尕仓洋讲了起来。我们问他为什么想做“冲冲王子”。他很单纯地说：“我特别喜欢‘冲冲’，所以听说协会需要人帮助监测‘冲冲’后我就加入了。第一个原因是黑颈鹤是藏族人的三大神鸟之一；第二个原因是它们是女性的神鸟；第三个原因是我喜欢这种鸟，就是喜欢！”

黑颈鹤和幼鸟　供图 / 年保玉则生态环境保护协会

曲加觉得黑颈鹤保护项目有两个好处：一个是保护黑颈鹤对他们而言是一种功德和善事；另一个是许多像他一样的牧民在监测保护黑颈鹤的过程中逐渐了解到黑颈鹤在年保玉则的分布和数量，以及它们的生存状态有没有发生变化。

“我变成‘冲冲王子’以后，我和‘冲冲’是最好的朋友！”更尕仓洋给在座的汉族人翻译了这句话后，大家哄堂大笑。

谈起曲加为保护黑颈鹤做了哪些工作，他又打开了话匣子，讲述了 2018 年发生在他保护的黑颈鹤身上的故事。

从曲加加入黑颈鹤保护小组开始，除了 2016 年和 2017 年小黑颈鹤平安长大以外，其他年份都“失败”了。他为了找出小黑颈鹤“出事”的原因，多处询问了住在周围的牧民，有人曾亲眼看到是一种大黑鸟吃掉了小黑颈鹤。因此，除了每隔两三天检查鸟蛋的情况外，2018 年他专门买了一台红外相机，到小黑颈鹤快要孵出来的日子（6 月 6 日），他把相机放在黑颈鹤窝里的两枚蛋旁边。

黑颈鹤产的蛋　　供图 / 年保玉则生态环境保护协会

然而，6 月 10 日，曲加再去查看时，却发现鸟蛋不见了。于是他非常焦急地跑回家检查相机，希望是小黑颈鹤在这 4 天中破了壳，藏在了其他地方。遗憾的是，可能是电池出了问题，红外相机只记录了两天，曲加没有看到小黑颈鹤破壳而出的过程。

可能发生了最糟糕的情况。曲加顾不得伤心，在接下来的几天里他跑了很远的路，从日干沟附近一直找到周边山谷的湿地，希望看到小黑颈鹤。他还赶到在附近居住的“冲冲拉姆”家里询问她们的黑颈鹤有没有出问题。直到在玛尔扎沟看到了那里刚破壳的小黑颈鹤毫发无损时，曲加才稍微安下心来。他嘱咐玛尔扎的“冲冲拉姆”斯德要多留意她的小鹤，看有没有那种大黑鸟出没。

那时，曲加一家还住在距离较远的冬季牧场，家里的放牧工作导致他没办法天天到日干沟的湿地监测黑颈鹤的情况。

2018 年，曲加原本计划用影像记录他的“好朋友”黑颈鹤宝宝自破壳之日起一天天成长的过程，更尕仓洋和扎西桑俄也觉得像他这样既认真又勤奋的年轻人，一定能拍到很美丽的画面。曲加接受过多次“乡村之眼”的培训，也非常热爱用相机记录身边的动物、植物。他的另一个计划是记录日干沟里不同种类的花在什么时间开放，想知道每年第一个、第二个开花的植物以及长久以后是否仍如

黑颈鹤的栖息环境　供图 / 年措

此，家乡环境的变化也许会反映在植物的物候①中。

然而，令人惋惜的是，他的小黑颈鹤现在已经不知去向，不知是不是邻居见过的大黑鸟造成的。曲加为了完成已经开始拍摄的黑颈鹤纪录片，准备每隔两三天就去附近的“黑颈鹤仙女”保护的地方持续拍摄。

更尕仓洋在翻译时声音有些哽咽，大家听完曲加的故事也都觉得很可惜。就在大家叹气时，曲加说出了他想好的对策：在黑颈鹤的巢周围架围栏，只放一个稻草人，或者留下播放念经声音的录音机。但是，曾有一户牧民亲眼看到放牧的牦牛被两匹狼吃掉的时候，脖子上绑的录音机依然播放着经文。因此，他也不清楚这些办法能不能起到保护小黑颈鹤的作用。

沉默了一阵，同行者中有人问道：“你希望看到人和黑颈鹤的关系是什么样子的？”曲加说：“人和黑颈鹤之间有感情，不仅是我们，所有人都觉得有必要保护黑颈鹤，这是我的希望。”

---

① 物候是指生物长期适应光照、降水、温度等条件的周期性变化，形成与此相适应的生长发育节律，这种现象称为“物候现象”，主要指动植物的生长、发育、活动规律与非生物的变化对节候的反应。

这时陈雨菲接着问："在你看来，我们为什么要保护'冲冲'？为什么保护其他动物？我们保护'冲冲'和保护其他动物一样吗？区别是什么？"

曲加毫不犹豫地回答："保护黑颈鹤和保护其他动物是一样的。大如大象、小如蚂蚁的生命都是平等的，不可以分开说'这一种可以死，那一种不可以死'。"

"如果你看到大黑鸟去吃小'冲冲'，你会去保护大黑鸟吗？"陈雨菲追问。

曲加说，假如他看到大黑鸟来吃小黑颈鹤，他会去救小黑颈鹤，但也不会伤害大黑鸟。

"那么如果大黑鸟快要饿死了呢？"

曲加用手捂着脑门，表情好像在说"饶了我吧"。

"我想办法拿一些肉给它吃。"

众人又大笑起来，决定放他去煨桑[1]了。

也许人们在考虑什么动物应该保护、什么动物不值得保护的时候，可以借鉴曲加的看法："我喜欢黑颈鹤，所以不希望大黑鸟伤害它们的小鸟，但我也不会伤害大黑鸟。"

① 煨桑是指藏族同胞焚烧松柏枝以桑烟祭神祈福的仪式。

本文原创者

张姊怡

研究生，毕业于凯斯西储大学非营利组织管理专业，热爱自然、热爱动物，现居墨西哥。

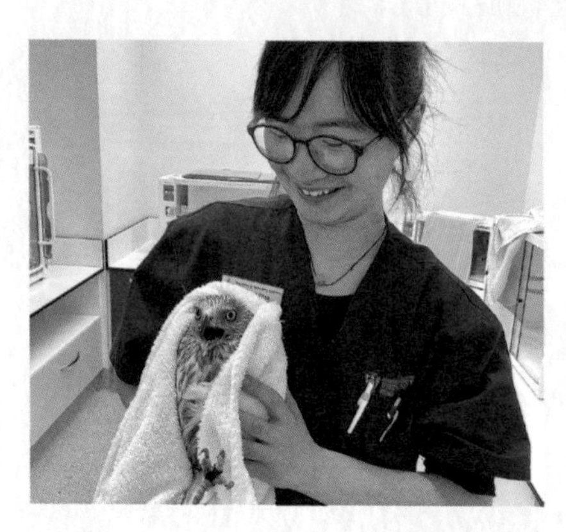

陈雨菲

年保玉则生态环境保护协会维儿巴志愿者，现居新西兰乡村，从事兽医工作。

在江河湖海岸边的芦苇荡中，
生活着芦荡精灵震旦鸦雀。
它们是中国的珍稀鸟种，
鸣声悦耳却生性隐蔽。
早在大暑节气之前，
它们结束了繁殖状态。
入秋后，
它们便立刻开启换羽模式，
共同觅食、共同预警，
待其他候鸟的秋季迁徙正式开启时，
它们已是一身崭新的冬羽。

REED PARROTBILLS' SURVIVAL TIPS

05 震旦鸦雀的生存秘籍

在自然界中，立秋之后才是众多鸟类一年一度换羽季的开端。而生活在江河湖海岸边芦苇荡中的一种古老的小鸟，到每年立秋时节，它们已经是“衣衫褴褛”了。

马上登场的主人公就是可爱呆萌的芦荡精灵——震旦鸦雀（学名 *Calamornis heudei*）。

北京晓月湖的震旦鸦雀马上要换羽了（磨损的尾羽末端） 摄影 / 李玉山

立秋是我国二十四节气中的第十三个节气，也是夏季结束、秋季开始的第一个节气。每年立秋，太阳到达黄经135°，表明秋季的开始，也标志着果实成熟、收获季节的到来。

北京晓月湖的冬羽震旦鸦雀　　摄影／李玉山

芦苇杆上的震旦鸦雀
摄影 / 李玉山

震旦鸦雀的神奇羽翼

震旦鸦雀较其他鸟类先行换羽，是其为了生存而进化的扬长避短的时间差策略，后文我们对此会进行详细介绍。

在换羽前期，震旦鸦雀陆陆续续地褪去旧羽。在新羽还未生长到位时，它们的飞行能力会减弱。但是，生长新羽需要大量有营养的食物，此时的栖息地对鸟类的生存至关重要。

震旦鸦雀一般体长在20厘米左右，粗厚的黄色喙上有很大的钩，能轻易撕开芦苇秆寻找里面的虫子。它头上的黑色眉纹显著，额、头顶及颈背呈灰色，通常具有黑色纵纹。背部下方黄褐色，脚粉黄色。这些羽色搭配，形成了芦苇荡中天然的保护色。

鸟中大熊猫

震旦鸦雀是中国的特有鸟种，分布跨度较大，从黑龙江、辽宁至山东、江苏沿海和长江流域，以及浙江沿海的大型芦苇荡中都能听到它们独特的鸣声，近年来在华北、华中地区也有发现。此鸟的第一标本采集发现地是中国南京，故模式产地①是中国南京，又因古印度称华夏大地为“震旦”所以被定名为“震旦鸦雀”，延用至今。

此种鸟的习性是不迁徙，生活空间仅限于芦苇荡，且数量有限，因此有学者感叹其为“鸟中大熊猫”。这个称号并非美誉，而是一个警示性标志。

芦荡里的小精灵　摄影 / 李玉山

① 模式产地是指对物种定名的时候，用来定名的原始标本产地。

震旦鸦雀的生活习性

生物学家研究显示，震旦鸦雀非常挑食，喜欢吃的是条锹额夜蛾和芦苇日仁蚧两种昆虫，因为这两种昆虫都生活在有一定规模的大芦苇荡里。震旦鸦雀春、夏季和育雏的主食基本都是条锹额夜蛾，兼食一点植物嫩芽；秋、冬季的主食则为芦苇日仁蚧，附带啄食一些浆果种子类食物。

震旦鸦雀的鸣声虽悦耳却生性隐蔽，身体羽色与芦苇荡背景相似，这是经历漫长进化、自然选择的结果。与其他鸟类相比较，震旦鸦雀的肱骨、尺桡骨和指骨等飞行骨骼异常短小，脚爪的握力却优于其他鸟类。身体构造的特殊性导致它飞行速度慢、跨度很小，只适合在芦苇间攀附跳跃。

早些年，研究人员在鸟类调查中亲自测试过，在约 50 米间距的两块芦苇地上，震旦鸦雀横跨时的飞行速度明显低于人类奔跑的速度。由此可见，震旦鸦雀与芦苇荡的关系是密不可分的。

立秋节气，距离鸟类每年的秋季迁徙高峰期还有一个多月的时间。但早在大暑节气之前，震旦鸦雀便结束了繁殖状态，一对对雌雄鸟辛苦地教着两窝长大的幼鸟学习觅食。随着入秋，它们立刻开启换羽模式。在换羽期间，它们格外低调，新旧飞羽的脱落与生长

芦苇荡中的震旦鸦雀　摄影 / 李玉山

交替，使它们暂时丧失了飞行能力。这时以家族为单位的群居生活就显得尤为重要了，它们必须共同觅食、协同预警。待其他候鸟的秋季迁徙正式开启时，震旦鸦雀已是一身崭新的冬羽。

关键生存秘籍

震旦鸦雀提前换羽，究竟是为什么呢？要知道，芦苇荡是震旦鸦雀唯一的生存地域，但这里也是各种过境、冬季候鸟猛禽的竞技场。平时，本地的红隼（学名 *Falco tinnunculus*）、棕背伯劳（学名 *Lanius schach*）是震旦鸦雀的天敌；迁徙季节时，过境的白腹鹞（学名 *Circus spilonotus*）、鹊鹞（学名 *Circus melanoleucos*）等捕猎者也会纷至沓来。如若震旦鸦雀仍处在换羽期，那么行动迟缓的它们就会被捕杀殆尽，也就难以繁衍至今了。

可见，提前换羽是古往今来这个物种为自己找到的关键生存秘籍。小小的个子竟有如此绝妙的智慧，不禁令人敬佩自然界里生命的伟大！

摄影 / 李玉山

红隼

隼形目隼科隼属，别名『茶隼』『红鹰』『黄鹰』『红鹞子』，小型猛禽，眼睛的下面有一条垂直向下的黑色口角髭纹。栖息于山地和旷野中，多单只或成对活动，飞行高度较高。能捕捉地面上活动的啮齿类、小型鸟类及昆虫。国家二级重点保护野生动物。

鹊鹞

鹰形目鹰科鹞属。猛禽，又叫『喜鹊鹞』『喜鹊鹰』等。它的体态比较独特，站立时外形很像喜鹊，所以得名。飞翔时，其翼尖、头部至背部为黑色，甚为醒目。习性在开阔的原野、沼泽地带、芦苇地及稻田的上空低空滑翔。国家二级重点保护野生动物。

白腹鹞

鹰形目鹰科鹞属鸟类，中等体型（50厘米）的深色鹞。白腹鹞喜开阔地，尤其是多草沼泽地带或芦苇地。擦植被优雅地滑翔低掠，有时停滞空中。飞行时显沉重，不如草原鹞轻盈。国家二级保护野生动物。

棕背伯劳

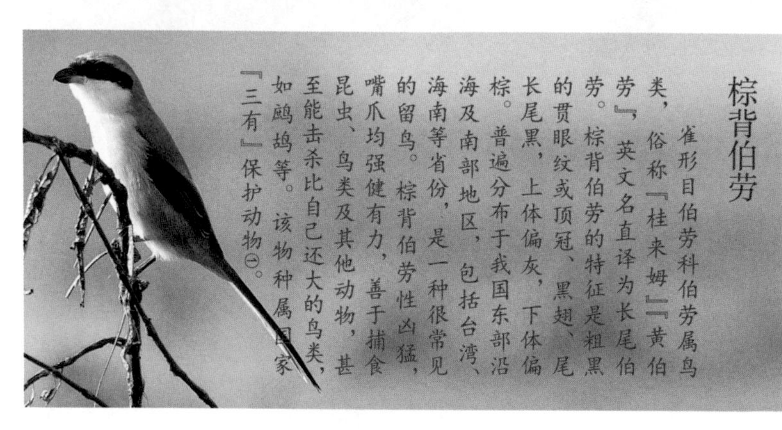

雀形目伯劳科伯劳属鸟类，俗称『桂来姆』『黄伯劳』，英文名直译为长尾伯劳。棕背伯劳的特征是粗黑的贯眼纹或顶冠、黑翅、尾长尾黑，上体偏灰，下体偏棕。普遍分布于我国东部沿海及南部地区，包括台湾、海南等省份，是一种很常见的留鸟。棕背伯劳性凶猛，嘴爪均强健有力，善于捕食昆虫、鸟类及其他动物，甚至能击杀比自己还大的鸟类，如鹧鸪等。该物种属国家『三有』保护动物①。

① “三有”保护动物，即国家保护的有重要生态、科学、社会价值的陆生野生动物。

立秋时节的芦苇荡里，震旦鸦雀的『邻居们』都在干什么呢？小个子远房亲戚棕头鸦雀，还在辛苦哺育它们的第三窝孩子；被大杜鹃寄巢的东方大苇莺夫妇，把寄巢大杜鹃养子抚养至独立觅食，才能喂养自己的亲生孩子。棕扇尾莺不再旋停炫飞，而是专心捕食芦苇丛中的蜘蛛；芦苇荡外围的纯色山鹪莺翘着长长的尾羽，侧头寻找着可口的鸣虫。此时，各种食物的相对增多，也是一个重要的物候信号，野生动物们必须储备脂肪，以度过难熬的冬季。

延伸阅读 EXTENDED READING

东方大苇莺哺育大杜鹃　摄影／曹宛虹

棕头鸦雀　摄影／曹宛虹

棕扇尾莺　摄影／陈希

纯色山鹪莺　摄影／陈希

武力制胜的震旦鸦雀“社群”

震旦鸦雀除了繁殖期外，都是以小群或大群形式共同生活，通过仔细观察，就会看到它们有着很强的社会等级制度，以喙和体型的大小为论资排辈的标准。在族群中，超大喙上有着几道年轮、体型大而强壮的成年雄鸟一定是首领。只有首领才有资格栖上高处昂首鸣唱、瞭望预警，以及有权决定与邻群是“对话”还是“战争”；嘴小且体型小的则只能乖乖跟随。

春天为了争夺配偶与领地，雄鸟之间会出现严重的打斗流血场面，即使从芦苇秆上打落滚到地上，仍相互掐着不放，直至一方发出沙哑的“嘎……”声求饶认输为止。因为相互撕咬对方的喙部、脚爪，进而落下残疾的鸟是常有的。这种同类竞争看似残酷，但是能把最强壮的基因传递给后代，是自然界的硬核法则。

“鸟中大熊猫”——震旦鸦雀　摄影 / 李玉山

上海滩真正的“土著”

值得一提的还有震旦鸦雀与上海的渊源。震旦鸦雀才是上海滩真正的“土著”，是少有的能够代表上海及其周边地区特色的物种。在先人还未开发上海滩的时候，震旦鸦雀已经在此生活了很久远的时间。

时至今日，上海对沿海地区土地的开发利用仍未停止，加上用滩涂植树取代了原始的芦苇湿地，使得震旦鸦雀赖以生存的芦苇地碎片化，不再能有效地扩散基因及相互交流。

20 世纪 70 年代，互花米草（学名 *Spartina alterniflora*）被引入中国沿海地区用于固滩。然而，在短短数年后，却造成了无法弥补的生态危机，互花米草成为危险的入侵生物。在我国的滩涂湿地上，没有能抑制互花米草发展的天敌，其扩张迅速，使芦苇荡以及本土滩涂植物面积急剧减少。本土的震旦鸦雀尚未适应这种变化，导致其栖息地被压缩和侵蚀，再加上每年冬天都大规模收割芦苇用于造纸，导致一群群无辜的小鸟在一夜之间被暴露在光滩稀草之中，失去了保护和食物，失去了赖以生存的家园。

一首应景的老歌在此时道出了震旦鸦雀的心声：我是一只小小小小鸟，想要飞呀飞却飞也飞不高，我寻寻觅觅寻寻觅觅，一个温暖的怀抱，这样的要求算不算太高……

摄影 / 李玉山

互花米草

属禾本科，是多年盐生草本植物，具有生长能力强、繁殖系数高、种群密度大等特点。原本为了固滩促淤而被引入中国，没想到短短几年，它就变成了危险的入侵生物。在自然界，它与芦苇生活在一起，但比芦苇的竞争力强。互花米草的扩张能力让芦苇的生长面积急剧减少，而震旦鸦雀尚未适应这种变化，导致其生活质量下降。

互花米草原产于北美洲大西洋沿岸，1979年被引入我国，自此泛滥成灾。1985—2021年，互花米草从2.6平方千米扩张到615.7平方千米，从海南到辽宁沿海各地均有分布。互花米草不断入侵红树林的生长空间，致使大量本土红树林死亡，严重破坏了我国沿海滩涂湿地生态系统。互花米草侵占沿海养殖地域、堵塞航道，毁坏沿海景观，极大地制约着沿海滩涂养殖、航运业和旅游业发展。

摄影 / 胡刚

由于震旦鸦雀的栖息环境和食性相对单一，随着城市不断进行开发，生存环境不断被破坏，其种群数量不断下降，因此震旦鸦雀已被列入 IUCN 红色物种名录，是全球性近危（NT）鸟类，也是最新一次晋级的国家二级保护野生动物。为了不让子孙后代只通过标本、影像资料来认识这些曾经的飞羽精灵，我们应更加善待每一个小生灵，它们的未来也是我们人类共同的未来！

本文原创者

尹军

让候鸟飞公众教育部及鸟医部高级救助顾问。1992—1993 年，在复旦大学（校内借调）生物系担任生物系两届毕业生野外实习辅导教师；20 世纪 90 年代，参与由复旦大学生物系教授唐子英、生物系教师唐仕敏带领的野外鸟类数据调查工作。野外观鸟、辨鸟经验极为丰富，多次作为导师参与亲子自然课活动，引导孩子们观鸟。自 2017 年起，加入“让候鸟飞鸟医在线”项目，以丰富的野生鸟类辨识和救助经验，为救助响应倾注了全副心血，许多幸运的鸟类和求助心切的志愿者都得到了他及时的帮助。

让候鸟飞

2012 年 10 月，有感于湖南千年鸟道候鸟杀戮严重，邓飞先生联合多位记者发起“让候鸟飞”公益行动。自成立以来，让候鸟飞致力于野生鸟类保护在中国本土的公众参与实践，逐渐建立起以公众护鸟响应中心为主线的枢纽性工作机制，以独立调查和公众参与积累起的实际行动案例，一同促进立法修订，推动我国生物多样性保护的法治环境。2018 年 1 月至今，正式迁入爱德基金会。截止到 2021 年 11 月，全国 40 多个护鸟团队在超过 20 个省份开展行动。

截止到今天，通过搭建全国护鸟网络，与各地超过 50+ 护鸟公益志愿者团体展开协作，进行野生鸟类反盗猎巡护，非法贸易调查与举报、病伤救治与培训、自然教育与普法等工作，推动多个保护议题得到解决或改善。

每年处暑节气，
黄胸鹀的先头部队，
会准时出现在渤海湾沿岸的湿地中。
这里，
有一望无际的芦苇荡、湿地植物群，
还有适合鸟类觅食的玉米地和稻田。
这里，
食物种类丰富，
适合躲避天敌，
这里，
无疑是一块“风水宝地”。

AUTUMN MIGRATION OF THE YELLOW-BREASTED BUNTING

06 黄胸鹀的秋迁之路

处暑——二十四节气中的第十四个节气，“一度暑出处暑时，秋风送爽已觉迟”说的正是此时。

热浪难熬的大暑时节终于退去，处暑节气的太阳直射位置已经转移到了南半球，北半球得到的太阳照射将越来越少，造成了白天与夜晚温差的加大。

穿着短袖衣衫的人们还未体察到微凉的秋意正悄然靠近，自然界中的飞羽精灵就开始蠢蠢欲动，为南迁越冬做准备。

站立在芦苇荡里的黄胸鹀　　摄影/雨后青山

飞到渤海湾停歇的黄胸鹀

繁殖于我国东北地区的黄胸鹀（学名 *Emberiza aureola*），在每年的处暑节气，以亚成鸟为主的先头部队都会准时出现在渤海湾沿岸的各大湿地中。这里有一望无际的芦苇荡、湿地植物群和适合鸟类觅食的玉米地、稻田。

国家一级保护动物黄胸鹀挂在捕鸟网中
供图 / 让候鸟飞

对于这些“涉世不深”的黄胸鹀亚成鸟而言，这种食物种类丰富又适合躲避天敌的栖息地，无疑是一块“风水宝地”。既能让它们贴满秋膘，又能安心等待下批来此地休息补给的同类。

黄胸鹀在渤海湾逗留、迁徙的时间跨度较长，从每年 8 月底的处暑节气开始，一直到 10 月初的寒露节气收尾。其间，除了我国东北地区繁殖的黄胸鹀家族外，渤海湾的大片湿地同样吸引着来自俄罗斯远东地区繁殖的黄胸鹀家族。

在北方冷空气临近时，黄胸鹀集结成群后就和其他鸟类一起，一路向南迁到广东、广西沿海和海南岛，甚至更远的东南亚越冬。

从入秋开始到10月底，在华东地区都能看到黄胸鹀。秋来春去、南来北往，这千古鸟道上每年都会上演大规模的鸟类迁徙大片。此自然现象的出现，远早于人类文明的起源时间。

黄胸鹀的“灭顶之灾”

在我国北方地区的鸟市上，黄胸鹀作为一种观赏鸟被笼养。因其雄性有艳丽的羽色、悦耳动听的鸣声，长期受到笼养爱好者的追捧。在广东、广西地区，黄胸鹀俗称为“禾花雀”，被作为进补食品进入餐馆酒楼，甚至经常有用灰头鹀（学名 *Emberiza spodocephala*）、栗鹀（学名 *Emberiza rutila*）、田鹀（学名 *Emberiza rustica*）、黄眉鹀（学名 *Emberiza chrysophrys*）、白眉鹀（学名 *Emberiza tristrami*）等冒充禾花雀的情况。这不但给黄胸鹀带来了“灭顶之灾”，也给其他鸟类造成了无法估量的伤害。

惨遭猎杀的黄胸鹀　供图／让候鸟飞

被志愿者救助的黄胸鹀
供图／让候鸟飞

志愿者救助受伤的黄胸鹀
供图／让候鸟飞

曾经在很长一段时间里，每当处暑节气到来时，就意味着捕鸟季的开始，住在渤海湾湿地附近的一些村民，在芦苇荡、玉米地、沟渠里插满了捕鸟网。他们把捕捉在春、秋季迁徙的鸟类，当成理所当然的收入来源。

近年来，由于护鸟志愿者的频繁举报以及政府的逐渐重视，在大型捕鸟窝点被一个个捣毁之后，捕猎和非法运输的行为有所收敛，一线巡护志愿者为此所做的付出功不可没。但是个别地方的捕猎行为仍然存在。

灰头鹀

雀形目鹀科鹀属，又名『青头雀』『蓬鹀』『黑脸鹀』『青头鬼儿』『青头愣』。其主要特征：头、颈背及前胸灰色，或耳羽下具有月牙形斑纹。灰头鹀广泛活动于海拔3000米以下的平原和中高山地区，生活于山区的河谷溪流，平原灌丛和较稀疏的林地、耕地等环境中，常常结成小群活动，但是在繁殖季节会成对活动，生性大胆，不怕人，常与人非常接近。该物种属国家『三有』保护动物。

栗鹀

雀形目鹀科鹀属，属体型略小（15厘米）的栗色和黄色鹀。因雄鸟在繁殖期上体栗红色，故俗名大红袍。喜有低矮灌丛的开阔针叶林、混交林及落叶林，高可至海拔2500米，冬季栖于林边及农耕区，我国广大地区均有分布。该物种属国家『三有』保护动物。

黄眉鹀

雀形目鹀科鹀属鸟类。俗名『金眉子』『黄三道』『大眉子』，雄鸟头部黑色有条纹，有显著的鲜黄色眉纹。下体白色而多纵纹，翼斑也更白，腰更显斑驳且尾色较重。黄眉鹀的黑色下颊纹比白眉鹀明显，并分散融入胸部纵纹中。黄眉鹀与冬季灰头鹀的区别在于腰棕色，头部多条纹且反差明显。黄眉鹀繁殖于俄罗斯贝加尔湖以北。

白眉鹀

雀形目鹀科鹀属鸟类，俗名『白三道儿』『小白眉』『五道眉』属小型鸣禽，体长14～15厘米，雄鸟头黑色，具白色中央冠纹、眉纹和颚纹，在黑色的头部上极为醒目。雌鸟和雄鸟羽色相似，但头不是黑色而是褐色。白眉鹀分布于俄罗斯、朝鲜半岛、缅甸以及中国大陆的东北地区和内蒙古、河北、河南、湖北、山东、江苏、浙江、福建、广东、广西、四川、云南等地区。常见于山地森林，栖息于针阔混交林和针叶林带，喜在山溪沟谷、林缘、林间空地和林下灌丛或草丛中活动。该物种属国家『三有』保护动物。

田鹀

雀形目鹀科鹀属鸟类，俗名『花九儿』『花嗉儿』『田雀』『花眉子』『白眉儿』。东北人称『它花椒嗉』因在它嗉子位置（胸部）有棕红色的条纹，像缀着花椒粒样的装饰。雄鸟头部及羽冠为黑色，具白色的眉纹，耳羽上有一个白色小斑点。体背栗红色，具黑色纵纹，翼及尾灰褐色。颊、喉至下体白色，具栗色的胸环，两胁栗色腰棕色并且有鱼鳞斑。雌鸟与雄鸟羽色相似，但较浅，以黄褐色取代雄鸟的黑色部分。不怕人类。以草籽、谷物为主要食物。春季鸣声动听，常立在灌木上不停鸣叫。该物种属国家『三有』保护动物。

捕猎野生动物的相关法律

《中华人民共和国野生动物保护法》（节选）

第二十一条　禁止猎捕、杀害国家重点保护野生动物……

第二十四条　禁止使用毒药、爆炸物、电击或者电子诱捕装置以及猎套、猎夹、地枪、排铳等工具进行猎捕，禁止使用夜间照明行猎、歼灭性围猎、捣毁巢穴、火攻、烟熏、网捕等方法进行猎捕……

《中华人民共和国刑法》（节选）

第三百四十一条　非法猎捕、杀害国家重点保护的珍贵、濒危野生动物的，或者非法收购、运输、出售国家重点保护的珍贵、濒危野生动物及其制品的，处五年以下有期徒刑或者拘役，并处罚金；情节严重的，处五年以上十年以下有期徒刑，并处罚金；情节特别严重的，处十年以上有期徒刑，并处罚金或者没收财产。

违反狩猎法规，在禁猎区、禁猎期或者使用禁用的工具、方法进行狩猎，破坏野生动物资源，情节严重的，处三年以下有期徒刑、拘役、管制或者罚金。

违反野生动物保护管理法规，以食用为目的非法猎捕、收购、运输、出售第一款规定以外的在野外环境自然生长繁殖的陆生野生动物，情节严重的，依照前款的规定处罚。

黄胸鹀的食物与繁殖

黄胸鹀在 20 世纪 80 年代种群数量庞大，迁徙时到处可见，处于无危状态。其平均体重在 25 克左右，与麻雀体重差不多。雄性成鸟体长约 15 厘米，从头顶至颈背为栗红色，脸和喉部为黑色，胸腹鲜黄色，之间有一条栗色横带，飞行时翼上白斑明显。在繁殖季节主要以昆虫及其幼虫为食，也吃种子和果实等植物性食物。在迁徙期间主要以草籽、谷子、高粱等为食，也吃部分植物果实与随机捕虫。

每年 4 月底，黄胸鹀北迁回到繁殖地，繁殖期大约 3 个月。在 4 月末 5 月初，可听见雄鸟站在草茎和灌木顶端长时间鸣叫，鸣叫声清脆婉转，主要是为了吸引雌鸟，是其求偶的本能行为。

黄胸鹀一年繁殖两窝，每次产蛋 4 ～ 5 枚，孵蛋由雌、雄鸟共同承担，孵化期为 14 天。早期雏鸟由雌、雄鸟共同哺育，雏鸟出壳 2 周后即能出巢，但不具备觅食能力，全由雄鸟单独喂养和带教觅食，雌鸟则再次新筑巢产卵，抓紧时间孵第二窝。

在第二次孵化期间，雄鸟相对辛苦，喂养多只幼鸟的间隙还要回来帮忙筑新巢，之后还要不时替换孵蛋的雌鸟出去觅食，将第一窝幼鸟教至能自主觅食后，雄鸟会重新回到雌鸟身边，此时它们的

绘制 / 柠檬 A 米

延伸阅读
EXTENDED READING

黄胸鹀的巢多筑于高草间、沼泽和河流与湖泊岸边的草丛中，或灌木丛与草丛下的浅坑内，利用四周的杂草和灌木进行隐蔽，巢的颜色与环境的融合度很高，较难被发现。巢呈碗状，外层由枯草叶和草茎构成，内层由更细的干草茎和细柔的草叶构成，巢芯基本都垫有动物的毛等。

出现在北京沙河湿地的黄胸鹀　摄影／赵麒麟

第二窝“孩子”也相继破壳，小夫妻俩又开始忙碌了。等第二窝幼鸟能独立觅食时，已是大暑节气，疲惫的黄胸鹀夫妇终于不用奔忙了，可以悠闲地梳羽，稍作调整，休息一段时间。进入一年一度的换冬羽状态时，它们的第一窝“孩子”会结成少年团，本能地向南方缓慢游荡式迁飞。处暑节气时，就能在渤海湾湿地见到一脸稚气的它们。在短暂停留后，换上鸟生初次冬羽的它们就会和大部队一起南下。

保护黄胸鹀刻不容缓

虽然一对黄胸鹀在繁殖季能生育 8 ~ 10 只幼鸟，貌似种群数量扩大了好几倍，但还是招架不住人类的口欲需求。据我们了解，没有哪一种广泛分布的鸟类会像黄胸鹀这样数量急剧下降，直接被人类吃成极危物种。

经过科研工作者的实地考察，加上这些年“让候鸟飞”项目等志愿者付出的艰苦努力，从田边的网上到隐蔽的催肥场，他们成功解救了数以万计的黄胸鹀以及各种待宰鸟类。

我们呼吁采取更加严格有效的保护措施，保护渤海湾鸟类迁徙的补给站和国内众多的自然湿地。

在各界人士有理有据的强烈呼吁下，黄胸鹀于 2021 年 2 月被列入《中国国家重点保护野生动物名录》，并晋升为国家一级保护动物。

今后捕捉食用黄胸鹀将受到国家法律的制裁。相信在法律的震慑下，食用所谓“传统补药”的行为将彻底结束，我们要守护本该属于黄胸鹀和更多可爱的鸟类的世界。

本文原创者

尹军

让候鸟飞公众教育部及鸟医部高级救助顾问。1992—1993年，在复旦大学（校内借调）生物系担任生物系两届毕业生野外实习辅导教师；20世纪90年代，参与由复旦大学生物系教授唐子英、生物系教师唐仕敏带领的野外鸟类数据调查工作。野外观鸟、辨鸟经验极为丰富，多次作为导师参与亲子自然课活动，引导孩子们观鸟。自2017年起，加入“让候鸟飞鸟医在线”项目，以丰富的野生鸟类辨识和救助经验，为救助响应倾注了全副心血，许多幸运的鸟类和求助心切的志愿者都得到了他及时的帮助。

让候鸟飞

2012年10月，有感于湖南千年鸟道候鸟杀戮严重，邓飞先生联合多位记者发起“让候鸟飞”公益行动。自成立以来，让候鸟飞致力于野生鸟类保护在中国本土的公众参与实践，逐渐建立起以公众护鸟响应中心为主线的枢纽性工作机制，以独立调查和公众参与积累起的实际行动案例，一同促进立法修订，推动我国生物多样性保护的法治环境。2018年1月至今，正式迁入爱德基金会。截止到2021年11月，全国40多个护鸟团队在超过20个省份开展行动。

截止到今天，通过搭建全国护鸟网络，与各地超过50+护鸟公益志愿者团体展开协作，进行野生鸟类反盗猎巡护，非法贸易调查与举报、病伤救治与培训、自然教育与普法等工作，推动多个保护议题得到解决或改善。

重庆境内的平行岭谷，
南北连绵上百千米。
这些古老的山脉，
在每年春、秋两季，
都会上演猛禽迁徙的盛况。
数以万计的猛禽，
沿着这些山脉，
从越冬地，
经过重庆，
飞往它们的夏季繁殖地，
千百万年生生不息，
延续至今。

TENS OF THOUSANDS OF RAPTORS FLY
OVER CHONGQING

07

数万只猛禽飞掠山城

春季虽然猛禽迁徙季已过，但是对猛禽的观测之心不可丢，酷暑正在暴走，秋季即将来临，两个月后，数万只猛禽将飞掠山城……

在八九年前，观鸟和关注自然的人数远没有现在这么多。当时，重庆有一个叫飞猫的年轻人，看到网友拍的猛禽照片羡慕不已，并感叹为什么重庆没有能够看到猛禽的好地方呢？

后来，飞猫不仅找到了重庆的猛禽，发现了平行岭这个观鸟点；还找到了暴太师。暴太师向他讲述了当年自己和猛禽初次相遇的故事。

暴太师初遇凤头蜂鹰

暴太师第一次看到猛禽迁徙是在 1999 年，那时暴太师并不知道观鸟为何事，更不知道这些飞鸟被叫作“猛禽”，他只记得天空中有密密麻麻的老鹰。现在回想起来，当初肉眼能看得那么真切的，兴许便是凤头蜂鹰（学名 *Pernis ptilorhynchus*）了。

当时正值美国轰炸中国驻南联盟大使馆不久，暴太师心里想着 19 世纪法国预言家诺查丹玛斯关于 1999 年世界末日的预言，又偶遇不计其数的猛禽在肉眼可见的高度集结盘旋……这些事情给这个当年生态知识贫乏的少年带来了巨大的心理恐慌。

之后猛禽集结盘踞的谜团一直埋藏在少年暴太师的心底，直到他真正进入观鸟领域。

暴太师说，当他逐渐熟悉了中国猛禽之后，他学生时代所遇到应该就是一个猛禽迁徙的情景。从那以后，暴太师就一直梦想着能够再次经历少年时所见的壮观景象。

在高空中集结盘踞的凤头蜂鹰　摄影 / 马凯渝

展翅飞翔的凤头蜂鹰
摄影 / 马凯渝

猛禽迁徙

日行性猛禽的迁徙一般在白天进行①，而且有一条相对集中且固定的路线，它们会年复一年地沿着相同的路线，南北向迁徙，这些固定的路线被称为『猛禽迁徙通道』。

正是猛禽的这种迁徙习性和迁徙通道的存在，使得人们有机会可以每年在固定的地点对途经的猛禽进行观赏和监测。

猛禽选择了平行岭

中国作为横跨东亚至中亚的地理大国，毋庸置疑地成为猛禽特别是东亚猛禽迁徙的必经之地。一些猛禽迁徙通道上的观察点，则成为人们观赏和监测迁徙猛禽的绝佳之地。如辽宁大连的老铁山、台湾的垦丁等，这些地方的地貌多是陆地入海的尖端，受地理地貌的限制，猛禽在这些狭窄的尖端处聚集出海，聚成易于观察的相对集中的迁徙群，从而形成猛禽迁徙的壮观景象。然而，在中国内陆却缺少相对集中的猛禽迁徙观察点，直到重庆的观察点浮出水面。

重庆观鸟会在2005年第一次从科学角度了解了重庆的猛禽迁徙后，便开始慢慢收集重庆猛禽迁徙的相关信息。但是，真正了解

① 没有特别标注的情况下，本文中所述的“猛禽”指代的是“日行性猛禽”。

停歇的凤头蜂鹰
摄影 / 马凯渝

重庆在整个东亚猛禽迁徙路线中的重要地位，还是从日本科学家那里得知的。2012年，日本的鸟类学家通过卫星跟踪，发现所有被其跟踪的凤头蜂鹰在春季几乎都从重庆飞过。早在 2003 年，日本就开始通过卫星跟踪在日本繁殖的凤头蜂鹰。

时隔 10 年，从 2013 年开始，重庆观鸟会开始组织重庆的猛禽爱好者对飞越重庆上空的猛禽进行系统监测。

一提到重庆的猛禽迁徙，就要谈一谈地貌对猛禽迁徙的影响。作为一个内陆城市，显然不具备探入海上的地理地貌，那么猛禽为什么非要从这里经过呢？这里不得不提到一个地理名词——“平行岭”。

“重庆平行岭”在大多数人的印象中可能是一个比较陌生的地理名词。其实，对于每个重庆人来说，却一直身处其中。重庆市区的每一座山都是重庆平行岭（川东平行岭谷重庆段）的一部分，它是由南山、歌乐山、缙云山等一系列西南、东北走向的狭长山脉构成的一个地理单元。作为重庆最重要的地理组成单元，山城之名也由此而来。

平行岭山脉

平行岭山脉的走势是多条山脉沿着几乎相同的方向平行排列，形成了人们所说的平行山岭。全球共有3个这样的褶皱山脉，分别是：科迪勒拉山系、阿巴拉契亚山脉和川东平行岭谷。人们根据褶皱山的特征把它们统称为“平行岭”。这三大山脉并称“世界三大褶皱山系”，其中以重庆的最为集中和明显。地处重庆的平行岭山脉也有自己的专属地理名称——川东平行岭谷。

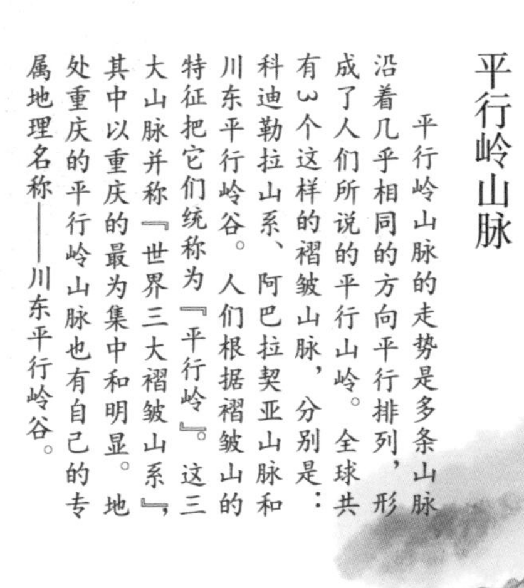

重庆境内的平行岭谷南北连绵上百千米，每条山岭分别有 1 ~ 3 千米的宽度，山岭间的水平距离 10 ~ 20 千米。这些古老的山脉在每年春、秋两季都会上演猛禽迁徙的盛况。数以万计的猛禽会沿着这些山脉从印度尼西亚、马来半岛、中南半岛的越冬地，经过我国的重庆飞往它们夏季的繁殖地——我国新疆、内蒙古、东北等地区和俄罗斯、日本等国。

千千万万的猛禽从纵跨两江的山脉之上飞过，千百万年生生不息，延续至今。

猛禽监测这件事

猛禽监测是一项非常具有挑战性的工作。首先，监测人员需要具备辨识猛禽的基础知识。猛禽和大部分在全球分布的鸟类类群一样，大多数生活在中低纬度地区。重庆作为亚热带城市，猛禽种类超过 30 种，其中亲缘种类比较多，而亲缘相近的种类在形态上也比较类似。比如，鹰属的有赤腹鹰（学名 *Accipiter soloensis*）、松雀鹰（学名 *Accipiter virgatus*）、凤头鹰（学名 *Accipiter trivirgatus*）、日本松雀鹰（学名 *Accipiter gularis*）、雀鹰（学名 *Accipiter nisus*）、苍鹰（学名 *Accipiter gentilis*）等 6 种。它们之间的差别细微，辨识难度大，对猛禽的监测提出了非常高的要求。前期的准备工作非常重要，只有经过大量的在线培训和实践，才能为监测工作打下坚实的基础。

由于重庆处于内陆地区，没有类似海岸线等地理地貌上的可聚集位置，所以监测人员只能选择山脉较窄的位置进行监测。这样，猛禽的聚拢效应相对明显，能减少漏数的概率。同时，南向和北向也是极为重要的影响因素，猛禽从南往北和从北往南的迁徙对观察点的朝向及所处地理环境有不同的要求。另外，观察点的可到达性也十分重要，这是监测人员每天上山监测需要考虑的关键性问题。

绘图 / 墨景页

松雀鹰

一种小型的南方森林鹰类，喜爱捕食林中的小鸟。它们会用自己特有延长的中趾深入树洞中捕捉幼鸟。在重庆出现的时间是4月初到5月中旬，9月中旬至11月初。

赤腹鹰

又叫『中国鹰』，以小型两栖爬行动物为食。它们是秋季最早出现在重庆上空的鹰类之一。在重庆出现的时间主要是5月中上旬，9月中上旬至10月初。

绘图 / 墨景页

凤头鹰

重庆最常见的鹰类，喜欢捕食松鼠等小型啮齿类动物，在市区各森林公园均有它们的身影。凤头鹰部分为留鸟，部分迁徙，迁徙的个体会遭到『土著』凤头鹰的驱赶，它们在重庆迁徙的跨度较大，出现的时间为春季3月底到5月初，秋季9月底至11月初。

认识新朋友 MEET NEW FRIENDS

苍鹰

北半球大陆森林中最强悍的猎食者。它们广泛分布落叶林和针叶林中，是密林中的高超飞行家。它们以大型鸟类和小型哺乳动物为食，在每年3月底4月初和10月中下旬飞过重庆。

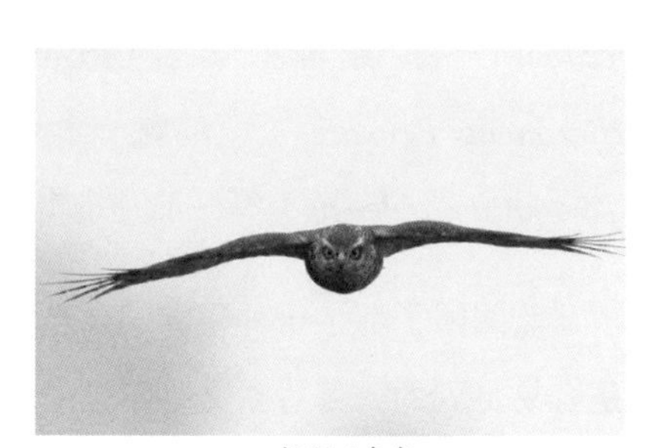

摄影 / 危骞

雀鹰

以小型雀鸟为主要食物的鹰类，是亚欧大陆北方最常见的鹰，也是众多雀形目小鸟的噩梦。在重庆出现的时间为3月底至4月中旬以及10月。

日本松雀鹰

其名字中虽然有『日本』两个字，但是它们的繁殖地主要在东亚大陆的东北部地区。以小鸟和两栖爬行动物为食，在重庆出现的时间主要为4月中旬至5月中旬，9月中旬至11月初。

摄影 / 危骞

猛禽监测告诉人们的答案

通过重庆观鸟会每年的猛禽监测工作，关于重庆迁徙猛禽的不少问题也得到了初步解答。这些猛禽的迁徙大军包括30多个种类，主要以凤头蜂鹰、黑鸢（学名 *Milvus migrans*）、普通鵟（学名 *Buteo japonicus*）、日本松雀鹰、灰脸鵟鹰（学名 *Butastur indicus*）、黑冠鹃隼（学名 *Aviceda leuphotes*）等构成。除此之外，也不乏一些甚为罕见的过客，如褐冠鹃隼（学名 *Aviceda jerdoni*）、短趾雕（学名 *Circaetus gallicus*）、靴隼雕（学名 *Hieraaetus Pennatus*）、乌雕（学名 *Aquila clanga*）、草原雕（学名 *Aquila nipalensis*）等，都是难得一见的珍稀濒危猛禽。

监测团了解了每种猛禽的迁徙种群数量，以及哪些种类的猛禽是容易见到的，哪些猛禽是罕见的种类；又了解了哪些种类的猛禽是迁徙中捷足先登的“排头兵”，哪些种类的猛禽是姗姗来迟的“断后者”；也了解了哪些种类的猛禽是急匆匆的过客，哪些种类的猛禽拉着长长的阵线迁徙长达数月。

监测团还了解到更多隐秘猛禽的生态与分布信息。迁徙猛禽的监测，为重庆增加了鸟类历史新的记录。一些种类的猛禽可能只在迁徙季节出现在重庆境内，如果没有在这里监测到，就可能很难在适宜的栖息地记录到它们。监测团队预测，在今后的监测工作中，他们还能够在迁徙的猛禽大军中增加更多的猛禽新记录。

摄影／危骞

灰脸鵟鹰

擅长低飞的高手，飞行迅速，转瞬即逝，阴雨天气仍然结队扇翅前行。它们在重庆出现的时间主要在3月底4月中旬，主要在10月中下旬。

绘图／墨景页

黑冠鹃隼

因胸腹有类似杜鹃的横斑而得名。它们常常排列成轰炸机一样的宽阔编队出现，显得霸气十足。它们在4月底5月初，10月中旬迁徙经过重庆。

摄影／马凯渝

褐冠鹃隼

黑冠鹃隼的近亲，长相更为霸道，生活在南亚热带森林中。它们是2013年重庆鸟类户口上的新成员。在重庆出现的时间主要为4月中旬至5月中旬，10月中下旬。

短趾雕

被称为『北方的蛇雕』，捕捉干旱和半干旱地区的蛇。有趣的是，它们并不在乎蛇是否有毒，当真是『艺高雕胆大』。在重庆出现的时间为3月底至4月初，10月中下旬至11月上旬。

绘图／墨景页

靴隼雕

虽然是重庆上空体型最小的雕，但是同样具备霸道的气质。靴隼雕具有浅色和深色两种体羽，这也成为观赏它们时非常有趣的一个课题。在重庆出现的时间主要为3月底至5月上旬，9月底至10月底。

摄影／危骞

乌雕

全身体羽黑褐色，『乌雕』之名由此而来。它们的幼鸟背部却有着浅色的斑点，因此又叫『花雕』。它们偏好湿地和平原，以各种小型哺乳动物、两栖爬行动物和鸟类为食。在重庆出现的时间为3月下旬至5月初，10月中旬至11月初。

摄影 / 胡刚

草原雕

威猛的草原霸主。它们每年在东亚和中亚的大漠、草原和非洲草原之间往返。重庆是它们从不会缺席的驿站。在重庆，它们虽难得一见，但是一旦它们出现，就是人们惊呼的时刻！

摄影 / 危骞

猛禽监测点的选择

选取猛禽监测点，是极为重要的工作。选择好的监测点，易于发现南来北往的猛禽，而且能够保证监测到途经本山脉的大部分猛禽，可以尽早地发现并尽量完整地计数猛禽。

普通鵟

俗称『老鹰』『土豹子』，是重庆人最熟悉的猛禽之一。它们主要以小型哺乳动物为食，是粗壮有力的捕食者。春季来得早，3月底4月初是高峰期；秋季来得晚，主要是在10月中下旬。

普通鵟　摄影／陈希

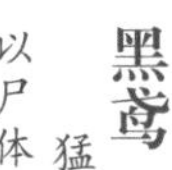

黑鸢

猛禽中著名的『清道夫』，以尸体为食。它们特殊的叉状尾，正是风筝的设计原型。它们在每年4月中上旬和10月中上旬飞过重庆。

金雕

因为后枕有一片金黄色羽毛而得名，体重高达6千克，翼展宽达225厘米，是雕中最富有力量的种类。它是重庆上空最强悍的空中掠食者，最凶猛的空中霸主。这只金雕正翱翔在巫峡的上空，它生活在重庆的高山峡谷中。金雕在重庆多为留鸟，终年可见。

认识新朋友

MEET NEW FRIENDS

摄影 / 江华志

猛禽监测怎么玩

平时的猛禽监测工作不仅仅是观察记录，在通过监测收集原始数据并在此基础上进行数据分析的同时，重庆平行岭谷猛禽监测点的特殊地理地貌也给重庆观鸟会的监测员带来了别样的乐趣。由于每条山岭互相平行，因此他们在做同步调查的同时，还能像参加观鸟比赛一样，比赛在监测点谁看到的猛禽种类最多、谁数的猛禽数量最多。

根据以前的观测数据，虽然经过每条山岭的猛禽数量每日都有差距，但并没有绝对的规律，其差距可能由当日每条山岭上的小气候带来的随机性决定。因此，监测员会因每条山岭上监测的猛禽数量和种类在当日的同步监测中夺魁。

另外，平行山脉是西南—东北走向的，监测团可以在同一条山脉上选择南、北不同的监测点，通过在微信上进行的实时通报，南北监测点可以测算一些种类的猛禽的迁飞速度。在监测大群的凤头蜂鹰时，监测员还能通过南北的群体数量差异，判断不同监测点的视野好坏和监测统计中遗漏的误差，甚至可以推算这些猛禽是否自始至终都沿着同一条山岭迁徙。可以说，在监测过程中有很多有意思的事情。

凤头蜂鹰　摄影 / 项科

监测鹰飞平行岭，需要更多的力量加入

通过近几年重庆观鸟会的不懈监测，在重庆平行岭一天能够监测到超过 12000 只猛禽，而整个迁徙季节中记录到的猛禽接近 50000 只。其中，凤头蜂鹰是迁徙的主力军，数量超过 30000 只。在迁徙的高峰期，每天都会有上千只凤头蜂鹰掠过山城的上空，情景蔚为壮观。

由于重庆平行岭有多条山岭，重庆观鸟会暂时无法在所有的山岭上进行持续的全迁徙季监测，因此推测整个迁徙季经过平行岭的猛禽数量超过 50000 只，根据经验初步估计，可能在 100000 ~ 300000 只。

要想获得更准确的数字，还需要投入更多的监测力量进行更多的同步监测。接近100000只猛禽迁徙总数，是全球任何一条猛禽迁徙通道都不可忽视的。因此，重庆西部的平行岭地区可以说是全国乃至亚洲猛禽迁徙版图上极为重要的组成部分。重庆的迁徙猛禽是自然界给予山城的宝贵自然财富，人们对它们的了解还很少，有很多惊奇留待人们去发现和探寻。欢迎全国的观测猛禽爱好者加入对重庆迁徙猛禽的同步监测。

暴太师的这篇文章写于平行岭春季迁徙季监测时。他白天带着志愿者数猛禽，晚上数着字写……终于在数到27000只猛禽过境后写完此文[①]。怀抱着对秋季迁徙季的期待，他希望更多观测猛禽爱好者一起坚守平行岭。

① 完成此文后的猛禽监测结果，已经刷新了27000只的记录，达到50000只。

本文原创者

危骞

重庆野保协会副会长，重庆观鸟会“扛把子”。他虽有一颗 IT 之心，却将观鸟视作后半生的起点，从爱好者到博闻强识的观鸟大师，他正在与更多志同道合的人影响着中国的观鸟版图。

在四川，
散落着很多“观鸡胜地”。
孟屯河谷的大湾，
则是观鸡的首选之地之一。
在5527米的雪隆包之巅，
有巍峨的高山，
有凛冽的山脊，
有茂密的森林，
有幽深的峡谷，
有奔腾的河流，
有开阔的田地。
在这个“梦开始的地方”，
开启了“大湾追鸡”之旅。

PHEASANTS IN SICHUAN 08

雉在四川——“大湾追鸡”

中国的十二生肖在六十年一甲子的“轮回”中循环交替。十二生肖中的每种动物都会在人的一生中反复出现多次。虽然鸡在十二生肖的排序中较为靠后，但鸡对人类来说非常重要，与人的关系也很亲密，从物质能量的摄取到精神文化的构建都离不开鸡的影子。

除了大家较为熟悉的家鸡（学名 *Gallus gallus domesticus*）外，还有大量的“野鸡”存在，且较为广泛地分布在各种自然环境中。

羽翼华丽的红腹锦鸡　摄影 / 沈尤

认识新朋友
MEET NEW FRIENDS

摄影 / 胡刚

最佳观鸟、“追鸡”活动地

每逢鸡年，以雉类为目标开展的赏雉主题观鸟活动，都是一项有意义且颇具挑战性的活动。

在四川散落着很多“观鸡胜地”，其中孟屯河谷颇具代表性，尤其是孟屯河谷的大湾，是观鸡的首选之地。

既然是“大湾追鸡”，那么对于大湾的了解就必不可少。

孟屯，又叫孟屯河谷，是对四川阿坝藏族羌族自治州理县上、下孟乡方圆714平方千米的统称。虽然有山有水，是嘉绒藏族的一处聚居地，但对于旅游资源富集的阿坝州而言，这里只能算作一处普通的河谷山乡。20世纪90年代，一批画家游走到此，觉得孟屯河谷距离成都200千米左右，交通还算便利，山水、风物、人文也

孟屯第一高峰——雪隆包（左上）　摄影 / 沈尤

比较有特点，可以在此发展旅游业。于是，孟屯河谷开始显露于世，在后来各方力量的参与和支持下，开始发展以藏族民居为接待单元的乡村旅游，至今已颇具规模和效益。此处还有一座海拔 5527 米的雪隆包，是孟屯的第一高峰，在户外登山界也小有名气。

孟屯河谷的海拔从 2140 多米的孟董沟底到 5527 米的雪隆包之巅，有巍峨的高山，有凛冽的山脊，有茂密的森林，有幽深的峡谷，有奔腾的河流，有开阔的田地。因此，这里被誉为“梦开始的地方”。

孟屯河谷是观鸟赏花的好地方，是成都观鸟会推荐的“四川十大观鸟胜地”之一。孟屯河谷野生花卉种类繁多，是观赏杜鹃花和红叶的好地方。

孟屯河谷的藏族民居　摄影 / 沈尤

大湾即大湾海子，是散布于雪隆包周围众多高山湖泊中的一个。它位于雪隆包的东侧，湖面海拔 4200 米，是典型的冰碛湖。湖水向南而出，随峭岩跌落，形成高度不一的梯级瀑布。在雪线以下、林线以上是矮灌和流石滩交替地带；在林线以下则是茂密的森林，有成片的杜鹃林、松杉林、白杨林、箭竹林等。直至谷底河床，激流奔腾，力劈岩崖，向下交汇，便成了岷江重要的支流——杂谷脑河的支流孟董沟。

从上孟乡政府所在地塔斯村（尼玛部落）出发，前往大湾大约有 14 千米的路程，是一趟从海拔 2100 米到海拔 4200 米缓慢爬升的旅程。说起来，14 千米的垂直距离并不算远，但一路爬坡上坎、迂回辗转，若体力稍差一点，就需要大半天的脚程。

这趟观鸟之行有两人：沈尤和一个负责后勤的同行毛松柏。毛松柏除了带路外，还要背负此行的消耗物资。

因为修电站，从老君沟入口到三棚的路被扩宽抹平，所以这段路程是松柏开着小四轮拖拉机通过的。到了三棚电站水坝的工棚以后，就要步行。一直到五棚、六棚共七八千米的路程，基本都是沿河而上的。路是有的，并随地势起伏，顺旁河谷蜿蜒，总体而言难度不大。

孟屯的千丈瀑布　　摄影 / 向阳

5 月底的孟屯河谷已经是初夏景象，一路绿意盎然、花团锦簇、绿茵覆盖，谷居的鸟儿机警出没，应该是到了孵化育雏的时候。虽然天气时有变化，但总体晴朗宜人。走路有微汗透体，再加上溪涧的阵阵和鸣，两人愉悦地在路上行走，偶尔用相机拍拍路旁的花草。

到了五棚之后山谷开阔了起来，河床也平坦了许多，摊开的河水清澈见底、潺潺迂回，溪底的沙石在水流的冲刷下变得愈加圆润。随着山势的走向、林相的变化，二人已经感受到了山体走高的趋势。路边的河岸也开始出现正在盛开的杜鹃花。

过了六棚之后，就要爬坡了。还有大约 3 千米的路程才能到达住地，而这段也是此行最艰难的一段——全是陡坡，几乎没有平路。他们汗如雨下，明显感觉到体力消耗，甚至心跳加速。他们将节奏放慢，好在一路有杜鹃花的陪伴。此时的杜鹃花正值花期，从下到上一株一片、层层叠叠，时而没于云雾、时而徉于骄阳，花香提神，消去他们不少倦意。

正在盛开的杜鹃花　摄影 / 沈尤

经过 3 个多小时的连续攀爬，二人终于从谷底上到海拔大约 3900 米的地方，这也是沈尤和毛松柏计划的落脚点。这里处于杜鹃林之上、流石滩之下，大湾的水从岩上跌落，分成若干小股，或从地表草间流过，或穿行杜鹃林之中，最后隐于远方。离地表溪流不远处有四五间石头砌成的窝棚，这便是挖药人在山上的“家”。

沈尤和毛松柏进入了尼玛部落向阳家和几个亲戚共建的棚子。这时天色已晚，他们也饿了，赶紧做了简单的晚饭。

夜里万籁俱寂，白天虽多有疲倦，但在高山中席地而眠，还是让他们辗转反侧。从门缝向外看，满天星斗闪烁，明天应该是个晴天。也不知何时，蒙胧中再次醒来，听到有落雪声——下雪是好的，更容易见到鸡。在睡梦中似有山鸡啼鸣，或许野鸡也有打鸣的习性吧。

挖药人在山上的“家” 摄影 / 沈尤

次日一早，伴着星辰匆忙赶路，沈尤和毛松柏打算赶在日出之前上山。路上已有一层薄雪，雪色泛蓝。呼吸着通透的空气，看到山谷谷底似有云雾形成。他们赶紧上山，打算赶在云雾笼罩之前“追一拨鸡”。

从海拔 3900 米上到 4200 ~ 4300 米的高度需要耐心和谨慎，虽然很累，但要随时小心观察，仔细聆听。在光线不是很好或距离较远的地方，鸡的叫声是重要的定位依据。“学哩！学哩！”这是绿尾虹雉移动的叫声。沈尤和毛松柏赶紧寻着叫声徐徐而上，小心不要惊动它们。但是，绿尾虹雉（学名 *Lophophorus lhuysii*）从他们头顶横飞而过，落地后便淹没在乱石中失去了踪影。

横飞而过的绿尾虹雉　摄影 / 沈尤

易危物种绿尾虹雉

大湾是个“鸡窝”，根据以往的记录，该地带从下到上，至少能见到五六种野鸡。当然，这些野鸡中最具代表性的当属绿尾虹雉。绿尾虹雉体长 70 ~ 80 厘米，属于体型较大的鸟类。雄鸟的羽毛由 10 多种颜色组成，在阳光照耀下熠熠生辉、粲然夺目。但因为它们栖居的海拔较高，往往雾气较重，要目击“阳光灿烂版”的绿尾虹雉需要天赐的运气，所以沈尤很少能拍到此类照片。

绿尾虹雉是中国特有的鸟类，主要分布于四川、云南西北部、西藏东南部、甘肃东南部和青海南部一带。IUCN 重点物种红色名录将其列为易危（VU）物种，也被国家列为国家一级重点保护野生动物。

孟屯河谷是绿尾虹雉的主要栖息地之一，仅大湾一带就能见到不少。每年都有小鸡在这里诞生，总体来说繁衍生息基本稳定。

因为绿尾虹雉喜欢在烧过火的地方出没啄食，所以它们又被称为“火炭鸡”。当地人大多在挖虫草的季节与绿尾虹雉有交集，他们认为绿尾虹雉也吃贝母，因此又称它们为“贝母鸡”。

绿尾虹雉主要以高山植物的花蕾、幼芽、嫩叶、嫩枝、嫩茎、细根、球茎、果实和种子等为食，到处可见它们光顾过的痕迹。

站在大湾山间的雌性绿尾虹雉　　摄影 / 沈尤

雄性绿尾虹雉　　摄影 / 李爽

老君沟、木厂沟、一匹沟、白杨沟、邓家沟等都是观赏绿尾虹雉的好地方。天渐渐放亮，山崖坡地上完全笼罩在阳光下山上的鸡也到了早餐时间。沈尤二人远远就看到了岩石上站立的绿尾虹雉和雪鹑（学名 *Lerwa lerwa*），稍往上还能看到雄性绿尾虹雉在山脊的雪地上漫步。

距离上面还是太远，山下的雾气越来越重，正在往山上翻涌蔓延。二人虽加快了上山的进度，但越往高处走，地势越平坦的地方雪越厚，因此无法提升速度。加上野鸡都太警惕，他们也不敢有太大的动静。等他们慢慢翻上山脊时，先前那只雄性绿尾虹雉早已不见踪影。在郁闷之余，他们看到了两只雪鹑。

或许因为经常被人类追赶，雪鹑十分机警，稍有风吹草动就飞腾而起。沈尤和毛松柏继续寻找绿尾虹雉，于是往雪隆包方向横切

雪鹑

当地人又叫它石窖鸡，体色与山色无异，是个伪装高手。

在被雪覆盖的乱石中发现了雪鹑　摄影 / 沈尤

过去。正在高度紧张地寻找时，一对绿尾虹雉母子悠然地从高处漫步而下，阳光正好、画面正好、情绪正好，它们各自玩雪吃嫩叶，沈尤悄然观察着并按下了快门。这一刻非常惊喜，虽然他们三五分钟后就隐没于岩堆雪地中，但这三五分钟让沈尤和毛松柏欢喜了好一阵子。

之后，二人继续在山上寻找，继续追野鸡。毛松柏说，山上往东一带应该还能看到野鸡，于是他们往回切，继续爬坡。虽是冰天雪地，沈尤却大汗淋漓。此时，孟屯第一高峰——海拔 5527 米的雪隆包在他们前面露出了尊容。

终于爬到所能到达的最高处了，这里实际上是一个陡立的山脊，站立在此处会有更好的视野，能看到更远的山。

棕眉山岩鹨　摄影 / 曹宛虹

领岩鹨　摄影 / 曹宛虹

岩鹨

雀形目的一个科，中小型鸟类，栖息于高山岩石及森林草甸中，常在岩石附近及灌木丛中觅食，食物以昆虫为主。

没过一会儿，云雾翻涌了上来，视线被遮挡，他们很难再近距离与野鸡相遇了，只好从远处望着那些“高高在上”的小鸟，比如岩鹨。

大雾不仅遮挡了视野，更破坏了二人追野鸡的心情。他们只好往回走，却没想到在杜鹃林里又偶遇一只雌性绿尾虹雉。

第二天下雨，天气一直不见好转，二人便下山了。在下山途中再次与那些美丽的花草相遇，这让沈尤的镜头里多了许多美丽的瞬间。

全缘叶绿绒蒿　摄影／沈尤

孟屯河谷的年轻人学习鸟类知识，提高鸟类保护意识和提供观鸟旅游服务的能力　摄影／沈尤

过程大于结果

由于天气原因，这次“大湾追鸡”的时间缩短。孟屯十三鸡[①]也只看到其中两种。在孟屯河谷，像大湾这样适合“追鸡”的地方还有很多。仅在塔斯坝一带的田边林缘可见的雉类就不少，如普通雉鸡、红腹锦鸡、红腹角雉（学名 *Tragopan temminckii*）、白马鸡（学名 *Crossoptilon crossoptilon*）、红喉雉鹑（学名 *Tetraophasis obscurus*）等。

对于沈尤而言，这次“追鸡”活动重要的是过程，在乎的是融于山野的方式，是一次人与自然的相互了解，所以也算满载而归了。

红腹角雉　摄影 / 沈尤

① 根据观察统计，在孟屯河谷能见到13种雉类。

白马鸡

鸡形目雉科马鸡属鸟类，国家二级重点保护野生动物。中国特有种，共有4个亚种，分布于我国西藏东部、甘肃、青海、云南等地。栖息于海拔3000米以上的高山和亚高山森林及林线以上灌丛，冬季会下到较低海拔的阔叶林活动。以高原野生植物如蕨类植物、苔藓、草根和农作物（如青稞种子等）为食，偶尔取食一些昆虫。

认识新朋友 MEET NEW FRIENDS

白马鸡　摄影 / 沈尤

红喉雉鹑

鸡形目雉科雉鹑属，国家一级重点保护野生动物。栖息于海拔3000～4000米的高山针叶林及灌丛。中国特有种，分布于青海、四川和甘肃等地。

红喉雉鹑　摄影 / 沈尤

本文原创者

沈尤

成都观鸟会理事长、四川旅游学院生态旅游研究所所长、IUCN世界保护区委员会（WCPA）委员，长期从事生物多样性保护、观鸟推广、自然教育、生态旅游等方面的工作。

“中队长”斑头雁，
是青藏高原地区较为常见的夏候鸟。
每年4月和10月，
斑头雁成群迁徙，
边飞边鸣，
是世界上飞行的佼佼者。
在青藏高原严酷恶劣的自然环境下，
斑头雁不借助顺风或上升气流，
仅凭借翅膀肌肉的力量扇动空气，
一鼓作气飞越喜马拉雅山脉，
在漫长的迁徙中创造生命奇迹。

BAR-HEADED GEESE FLY OVER THE HIMALAYAS

09

飞越喜马拉雅山脉的斑头雁

斑头雁（学名 *Anser indicus*）是中型雁类，通体羽毛大都为灰褐色，头和颈侧为白色，头顶有两道黑色带斑，在白色头上极为醒目，被戏称为“中队长”。

班德湖的斑头雁　供图／绿色江河

斑头雁是一种典型的高原鸟类，根据目前的数据，其野生种群在全球仅有 10 万只，广泛分布在欧洲、亚洲、北美洲和非洲等地区。在中国主要在青藏高原一带繁殖。

斑头雁的栖息地

斑头雁是青藏高原地区较为常见的夏候鸟，特别是在青海湖鸟岛上，斑头雁较为集中，种群数量较大。海拔 4500 多米的长江源区位于青藏高原腹心地带，是斑头雁在世界上最高的栖息地之一。2013 年，仅对班德湖进行的调查，斑头雁数量就超过了 2000 只。

戏水的斑头雁　　摄影 / 杨欣

摄影 / 惠营

延伸阅读 EXTENDED READING

青海湖鸟岛

位于青海湖西北部，被誉为『鸟的王国』，是亚洲繁殖水鸟分布最集中的区域。

斑头雁的迁徙

斑头雁是迁徙鸟类，每年 4 月和 10 月是其迁徙的时间。斑头雁总是成群迁徙，通常二三十只排成“人”字形或“一”字形，边飞边鸣，鸣声高而洪亮，声音似“hāng——hāng——”。若仔细观察，就能发现，在雁群中，鸟们都是成对活动的，这是一个个斑头雁小家庭，斑头雁夫妻形影不离，对家庭忠贞不渝，堪称典范。

作为候鸟家族的重要成员，斑头雁每年 9 ~ 10 月南迁到印度、巴基斯坦、缅甸及海拔相对较低一些的雅鲁藏布江河谷和云贵高原的高山湖泊等地。南迁通常在夜晚进行，白天则休息和觅食，偶尔也会在白天进行。如遇天气变化、气候恶劣或山口风力较大时，常常会在山口周围云集数千只受阻的斑头雁，直到天气好转时才飞越过去。每年 3 ~ 5 月，斑头雁会北飞至青藏高原等地的沼泽湖泊地区交配繁殖。

对于斑头雁来说，迁徙是它们一生中最重要的部分。在青藏高原严酷恶劣的自然环境下，迁徙作为一项基本的生存能力，在这些高原野生动物中普遍存在，但像斑头雁这样足以创造生命奇迹的，并不多见。

在迁徙中，鸟们一般休息得比较频繁，但飞越喜马拉雅山脉的过程，它们几乎是一鼓作气完成的。更令人惊讶的是，这些斑头雁在向上飞行的过程中，并未借助顺风或上升气流，而是仅仅凭借翅膀肌肉的力量扇动空气就到达了如此高度。可想而知，如果不是完美地适应了这里的高原山地环境,同样强度的运动足以使人类丧命。研究表明，斑头雁已进化出很多生理性适应机能，以帮助它们完成漫长的迁徙。

延伸阅读

斑头雁

斑头雁是非常适应高原生活的鸟类，它能够飞越喜马拉雅山脉，最高飞行高度为8800米。在海拔8800米的高空，空气中氧气的含量仅为海平面的30%，斑头雁是世界上少有的能穿越这一极限高度的生物。这主要是因为与其他鸟类相比，斑头雁体内的血红蛋白与氧分子结合的速度更快。据研究，斑头雁血红蛋白中的α亚基发生了变异，导致它们的血红蛋白可以迅速与氧分子结合，这是对高原生活的一种适应。

杰比湖探秘——斑头雁的繁殖

进入 4 月，随着天气的转暖，大批斑头雁陆续到达杰比湖，纷纷降落在湖中已化开的水域中，四处寻找食物，谈情说爱。

斑头雁在水中完成交配后，会成双成对地降落在岛上，寻找做窝的地点。来得早的和强壮的斑头雁往往能找到靠中间的好位置。它们把窝搭建在地面上，用脚不断后蹬的动作挖出一个浅坑，再把窝周边的小石子叼进窝中。产蛋后，雌雁便拔下自己身上的羽毛铺在窝中，再用小石子压住，像在肚子底下铺了一床厚厚的褥子。即使在孵化过程中，它们也会不断用小石子一层一层地压住羽毛。

延伸阅读

杰比湖　供图／绿色江河

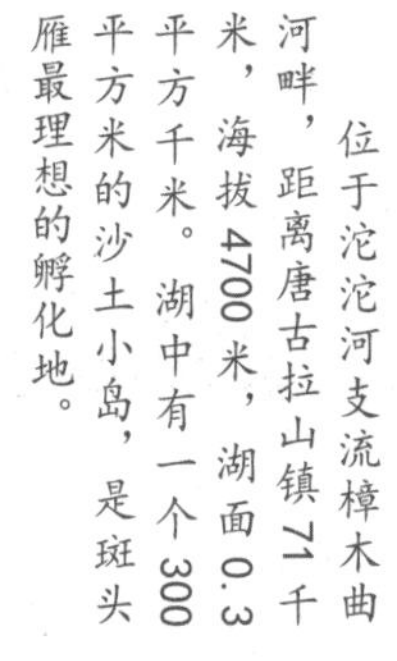

杰比湖

位于沱沱河支流樟木曲河畔，距离唐古拉山镇71千米，海拔4700米，湖面0.3平方千米。湖中有一个300平方米的沙土小岛，是斑头雁最理想的孵化地。

当雌雁离开窝去进食的时候，被风吹动的羽毛很少被风刮走。准雁妈妈会把窝边的羽毛往上面捋捋，把蛋都覆盖上。

整个孵化过程都由雌雁完成，雄雁负责警卫和保护。最后几天，雌斑头雁很少进食，而是整天卧在鸟蛋上，头插在翅膀下，长时间一动不动，只是偶尔起身翻翻腹下的鸟蛋，均匀一下热量。雄雁吃饱后回到雌雁身边，捋顺自己的羽毛，也把头插在翅膀下，不同的是，雄雁是单腿站立着打盹儿。

一只斑头雁的肚子底下有一个黄色的绒球在蠕动，是一只刚出壳的斑头雁。雁妈妈“亲吻”了一下自己的宝宝，然后卧上去继续孵化。过了一会，又冒出一个……又一个，共4只，这是杰比湖这一年出壳的第一窝雁宝宝。

破壳而出的幼鸟　摄影／孙建军

第二天，4个小家伙就在父母的带领下，勇敢地走向湖中。斑头雁有护送雏雁的习性，特别是在第一窝雏雁下水时，会有四五十只斑头雁前来相送。说“相送”有些勉强，其实雏雁的父母是不太高兴的，一旦有其他斑头雁靠近雏雁，它们就会马上低头伸脖进行驱逐，似乎在雏雁父母眼里，这些来相送的斑头雁都居心叵测。

斑头雁一窝一般有4～6枚蛋，最多的10枚，但不是每一枚蛋都能孵化出雏雁。有只雌雁孵化的13只雏雁全部存活了，这算一位“英雄的母亲”。

孵化季节，杰比湖每天都会传出新的消息——今天出壳10窝，下水5窝，等等。一直延续到7月中旬的最后一窝斑头雁出壳。

通天河断崖上的悲剧

当曲河发源于唐古拉山东侧的沼泽，其强大的水流冲刷着北岸，形成断崖一样的土坎，绵延数千米，一直延伸到与沱沱河汇合的通天河口。断崖下是老河床，顺直平坦，与当曲河道相连，远看像半条科罗拉多大峡谷。断崖的土层中含有大量云母，比一般的土质坚硬，经过雨水冲刷后表面会凹凸不平，形成无数洞穴，成为鸟类筑巢、孵化的理想之地。乌鸦和猛禽（鹰和雕）都在这片断崖上筑巢，每年也有数百只斑头雁在此断崖上筑巢、孵化。

鹰鹫、乌鸦、猫头鹰等孵化完成后，会喂养雏鸟很长时间，直到其幼鸟能飞翔并独立生活为止。

当曲河　供图 / 绿色江河

断崖对于它们来说不是问题。可是，斑头雁不会喂养雏鸟，在雏鸟全部出壳后，雌雁和雄雁会尽快带领它们下到水中去饮水和寻找食物。斑头雁孵化的洞穴一般在断崖 20 ~ 30 米处，与地面几乎呈 90° 直角，那么尚不能飞翔的幼小斑头雁怎么下来呢？有牧民说是直接跳下来的，如同鸳鸯一般。

可是，斑头雁刚出壳的雏鸟要从 20 ~ 30 米高的断崖上跳下来，断崖下面不是松软的泥土和枯叶，而是混合着云母的土质硬地面，一个幼小的生命能禁得住这样一摔吗？

在树洞里带着幼崽的雌鸳鸯

鸳鸯

鸳鸯等在树上筑巢、产卵、孵化，出壳后的雏鸟在雌鸟的鼓励和它自身的求生本能促使下，奋起一跃，能从几米甚至是10多米高的树上跳下来，落在地面松软的土层和枯叶上，然后跟着母亲走进水中。

一对对斑头雁在断崖上筑巢、产卵和孵化。在孵化的 28 天里，虽然断崖上没有狐狸等大型兽类动物的侵扰，相对安全，但是周围的“邻居”都各怀鬼胎，斑头雁一刻也不敢大意。雌雁在洞中的巢里孵化，雄雁站在洞口警卫，随时阻击试图在巢边降落的外来者，只要两只雁都在，就会相对比较安全。

斑头雁在通天河的断崖中筑巢　供图 / 绿色江河

可是，斑头雁总是要进食的。当雄雁离开后，就会有外来者前来挑衅——通常是乌鸦。曾经有一只雄雁进食离开，两只乌鸦迅速飞到斑头雁巢穴边上，对雌雁进行骚扰性攻击。雌雁起初只是忍受，最后实在忍受不住只得放弃，飞离巢穴。两只乌鸦张开大嘴，把两枚近 150 克的鸟蛋衔在嘴中飞走了。这是中国国内目前已知体型最大的鸦科鸟类，称作“渡鸦”。不一会儿，一窝鸟蛋就被渡鸦洗劫一空。失去鸟蛋的斑头雁再也没有回来，邻近的两窝斑头雁的蛋都是同样的结局，人们最终没能看见斑头雁幼鸟那勇敢的一跃。

摄影 / 高原

渡鸦

雀形目鸦科鸦属，俗称胖头鸟，全身黑色。它们分布于北半球。幼鸟成群活动，之后与伴侣共同生活，每对伴侣皆有各自的领域。

守护斑头雁

每年的孵化季节，大岛上都会聚集上千只斑头雁，使班德湖成为长江源地区斑头雁数量最多的湖泊。

志愿者在班德湖边观察斑头雁　　摄影 / 杨欣

班德湖

延伸阅读

班德湖位于沱沱河上游，海拔4600米，面积4.65平方千米，湖中有3座岛屿，周边小湖星罗棋布上百个，为斑头雁提供了广阔的栖息地和丰富的食物。

近些年，班德湖的鸟蛋受到越来越多人的青睐，由于湖水较浅，许多地段可以涉水上岛，捡拾斑头雁的蛋非常容易。2012年以前，每年沱沱河周边被捡走的斑头雁蛋超过2000枚。

经过大力宣传，沱沱河的人都知道斑头雁是世界上飞得最高的鸟类，并且有志愿者在此彻夜守护，就没有人再来拣蛋了。

班德湖畔的野生动物保护者们　供图 / 绿色江河

斑头雁在岛上孵化是为了避免天敌的袭扰。除了人类以外，斑头雁的天敌是狐狸和狼。随着沱沱河及周边可可西里、三江源、羌塘等国家级自然保护区的陆续建立，加上私人手中的枪支上交，大规模猎杀野生动物的状况得到有效遏制，大型兽类的数量也得到恢复。5 月初，部分斑头雁已经产卵、孵化，但是岛周边的冰面还没有完全融化，狐狸、狼可以借助冰面上岛，往往早产蛋的斑头雁会遭到一番浩劫。一只狐狸一次可以毁掉几十枚蛋。

斑头雁——藏族同胞心中的“神鸟”

藏族牧民中有一个传说：藏羚羊（学名 *Pantholops hodgsonii*）产羔地极其神秘，大雁飞到哪里，藏羚羊就在哪里产羔。藏羚羊吃了大雁的粪便后，奶水多得顺奶头滴在土地上又被大雁所食，所以它们相依为命，谁也离不开谁。

斑头雁的飞行高度为 8800 米，是世界上飞行的佼佼者；藏羚羊是高原陆地上奔跑速度最快的动物。每年藏羚羊产羔的季节，也是小斑头雁出壳的时期。

摄影／吐旦旦巴

斑头雁繁殖地受到人类威胁，保护斑头雁栖息地、普及和宣传保护斑头雁知识、阻止当地人捡拾斑头雁鸟蛋等行为，是摆在长江源水生态环境保护站面前的一项重要任务。

2011 年冬季，绿色江河[①]启动“让我飞得更高——斑头雁守护行动”，为斑头雁孵化保驾护航。

听说要保护斑头雁了，当地牧民都十分支持，他们反对猎杀野生动物，包括捡拾鸟蛋。2012 年春，绿色江河招募志愿者，建立野外营地驻守班德湖，阻止捡鸟蛋的人进入，调查斑头雁的种群数量。2013 年，在守护班德湖基础上，绿色江河把守护和调查斑头雁的范围扩大到杰比湖和通天河口。

在藏族同胞的心里，斑头雁就如同神山、圣湖一样值得人们去保护和敬畏。

长江源生态环境保护站　摄影 / 杨欣

① 绿色江河为四川省绿色江河环境保护促进会的简称，成立于 1995 年，是经四川省环保厅批准，在四川省民政厅正式注册的中国民间环保社团。绿色江河以推动和组织江河上游地区自然生态环境保护活动，促进中国民间自然生态环境保护工作的开展，提高全社会的环保意识与环境道德，争取实现该流域社会经济的可持续发展为宗旨。

吐旦家的牧场就在沱沱河畔。许多年前，他还在格尔木上初中二年级的时候。那年“五一”放假回家，他受城里人吃野味的影响，带着两个外甥悄悄去了班德湖。5月，正值斑头雁孵化时期，他们涉水上岛，受到惊吓的斑头雁仓皇起飞，留下一窝窝白花花的鸟蛋，他们不到一分钟就捡了满满一桶，回到家后偷偷煮着吃了。

后来，这件事被吐旦的母亲知道了，把他狠狠地骂了一顿。母亲信佛，她相信世代相传的“黑色鸟的寿命有一千年、白色鸟的寿命有一万年”。她说：“这么多拥有千年、万年寿命的生命就被你们残害了，你知道你们的罪孽有多么深重吗？”那年的暑假，吐旦哪里也没有去，他加入保护斑头雁的工作中。在资深观鸟人麦茬的培训下，吐旦现在不仅能识别沱沱河的鸟，而且承担起斑头雁种群数量调查工作。得知吐旦开始保护斑头雁了，80多岁的母亲特别欣慰。

本文原创者

李斯洋

2013绿色江河长江源保护站志愿者。

杨欣

江河探险家，自然摄影师，绿色江河创始人兼会长，从事环境保护工作近30年。

牧草返青，
旱獭出蛰，
高原湿地的主角，
从它们各自的越冬地，
飞过千山万水，
抵达高原。
自此，
年复一年的生命乐章，
又奏响在青藏高原上。

10

“BIRDS' PARTY” IN PLATEAU WETLANDS

高原湿地的“鸟类大聚会”

高原湿地——玉树隆宝滩　摄影／董磊

生机盎然的高原湿地

走向湿地，首先会注意到三五成行的小洞，其间不时探出的高原鼠兔（学名 *Ochotona curzoniae*）左右张望。鸟类怎会放过如此宜居的环境？白腰雪雀（学名 *Onychostruthus taczanowskii*）、棕颈雪雀（学名 *Pyrgilauda ruficollis*）、地山雀（学名 *Pseudopodoces humilis*）等高原特有鸟类此时成了“强抢豪夺”者——横冲直撞、蛮横无理，将高原鼠兔的巢穴当成了自己遮风避雨、产卵繁殖的绝佳场所。作为“回报”，它们为高原鼠兔带来了无比敏锐的警戒。

棕颈雪雀　摄影／胡刚

棕颈雪雀

雀形目雀科黑喉雪雀属鸟类，整体褐色，眼周黑色，脸侧近白。髭纹黑，颏及喉白，颈背及颈侧较所有其他雪雀的栗色均重，覆羽羽端白色。栖息于2500～4000米的高山、草原、荒漠、裸岩石上，分布较广，数量较多。

警戒中的白腰雪雀　韩雪松／摄影

白腰雪雀

雀形目雀科白腰雪雀属鸟类，分布于青藏高原及中国西部地区，栖息于海拔3800～4900米多裸岩的高原、高寒荒漠、草原及沼泽边缘。炫耀飞行似百灵，以及在地面作『敲击』求偶炫耀。结小群栖于高原鼠兔群集处，栖息、营巢均使用高原鼠兔洞。冬季结成大群。

认识新朋友 MEET NEW FRIENDS

地山雀

雀形目山雀科地山雀属鸟类，国内分布于青藏高原及西部昆仑山脉。曾被误认为鸦科的一种地鸦，因此被称作『褐背拟地鸦』。地栖，在宽阔的草原上觅食，易见于高原鼠兔居住或居住过的地方。

高原鼠兔

兔形目鼠兔科，头部和身体大小像鼠，身形像兔子。其是高寒草原或草甸的常见生物，高原生物食物链中非常重要的一环。其本身是许多食肉鸟类和兽类的食物，而其洞穴又为众多的鸟类提供了栖身场所。

究竟是什么使得高原鼠兔终日惶惶，甚至不惜割让自己的家呢？环望四周的电线杆、网围栏、牛粪堆，若是运气足够好，就可以发现高原鼠兔真正警惕的天敌——猎隼（学名 *Falco cherrug*）与大鵟（学名 *Buteo hemilasius*）。它们会突然呼啸而下，裹挟高原鼠兔而去……这样持续终生的恐惧，不是处在食物链顶端的旁观者所能体会到的。

此时，若在四下无人的荒野中听到一声不适宜的“噪声”，请睁大眼睛寻找，你会在身边不远处的草地上发现一只长嘴百灵（学名 *Melanocorypha maxima*）在炫耀自己高超的模仿能力。牛羊声、猫狗声、机车声……这样的声音对于擅长效仿的长嘴百灵来说都不在话下。

长嘴百灵是草原上的口技表演大师
摄影 / 韩雪松

长嘴百灵

雀形目百灵科百灵属，小型鸣禽，栖息于海拔 4000 ~ 4600 米的湖泊周围的草丛植被中。雄鸟求偶时在空中鸣唱或在高空拍动翅膀。

猎隼

隼形目隼科隼属鸟类，国家一级重点保护野生动物，飞行速度快，以鸟类和小型兽类为食，多在空中捕食。

绘图／刘秦樾

大鵟

鹰形目鹰科鵟属鸟类，国家二级重点保护野生动物，青藏高原常见猛禽，在岩石峭壁上筑巢，主要以高原鼠兔为食。

绘图／刘秦樾

继续在湿地中行走，当你意识到鞋子开始被水打湿，地上的高原鼠兔洞也逐渐稀疏时，请一定要留心脚下——因为在你即将迈出的脚下，可能有环颈鸻（学名 *Charadrius alexandrinus*）与金眶鸻（学名 *Charadrius dubius*）等小型鸻鹬类的巢卵。看到它们在地上快速跑过的身影，你就会明白繁殖对于它们来说是何等废寝忘食、分秒必争的事情了。

尖锐的单音节哨音是这片湿地中最常听到的叫声，拿出望远镜望向湿地边缘，你会发现红脚鹬（学名 *Tringa totanus*）、黑翅长脚鹬（学名 *Himantopus himantopus*）早就在目不转睛地盯着你了。若是在迁徙期间，黑翅长脚鹬不会让事情这样简单地收场——从注意到你的一刻起至你离开湿地，它会始终盘旋在你的头顶并不停地鸣叫……这对兴致勃勃希望一览湿地水鸟的你来说并不是一件好事，但对于飞行和抵抗能力都不出挑的鸻鹬类来说，却是它生存的有力保障。

摄影 / 胡刚

金眶鸻

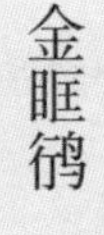

鸻形目鸻科鸻属鸟类，体型较小，眼眶金黄色。常单独或成对觅食，主要以昆虫为食。活动时行走速度很快，常边走边觅食，通常急速走一段距离后稍微停顿，然后再往前走。

认识新朋友

水中的环颈鸻　供图 / 胡刚

环颈鸻

鸻形目鸻科鸻属鸟类，明显特征是颈后有一条白色领圈。常单独或成小群活动，迁徙期和冬季也集成大群。多在海滨潮间带和水边沙地或泥沙地上活动、觅食。

警戒中的红脚鹬　摄影 / 陈希

红脚鹬

鸻形目丘鹬科鹬属鸟类，腿内橙红色，嘴基半部为红色。常单独或结成小群活动。喜杂草丛生的沼泽、河岸、水塘等，以鱼、虾、水生昆虫等为食，走动觅食。

飞舞中的黑翅长脚鹬　摄影 / 韩雪松

黑翅长脚鹬

鸻形目反嘴鹬科长脚鹬属鸟类，以细长的粉红色腿为形态特点，喜栖息于开阔平原草地中的湖泊、浅水塘和沼泽地带。通常成对和结成小群出现，以蠕虫、软体动物和水生昆虫为食。

摄影 / 胡刚

再看向湿地中央，水面上疾驰而过的身影已经明确地昭示了谁才是湿地最好的舞者——快速奔跑，叼起水草或小鱼，头部左右摆动——谁能有凤头䴙䴘（学名 *Podiceps cristatus*）、黑颈䴙䴘（学名 *Podiceps nigricollis*）优美呢？

由于身型娇小，湿地中的浮草可以为䴙䴘提供适宜的环境产卵、繁殖。通常，共享浮草的还有普通燕鸥（学名 *Sterna hirundo*）和骨顶鸡——前者全身羽毛洁白但头顶乌黑，后者通身乌黑却额甲森森。

浮草为湿地中的小型水禽提供了理想的巢址与巢材，而身形较大的鸟类则将繁殖的希望寄托于密布湿地的塔头[①]上，这里为各种各样的雁鸭类提供了赖以生存的巢址。进入繁殖期后，几乎不会有塔头闲置，而此时的湿地更像是一场趴卧在塔头上的“准妈妈”交流育雏经验的集会。

---

① 塔头：苔草等湿地植物的根系牢牢固着在一起挺出水面，形成一个又一个坚固稳定的平台。

黑颈䴙䴘

䴙䴘目䴙䴘科䴙䴘属鸟类，中等体型，繁殖期成鸟具有松软的黄色耳簇，并延伸到耳羽后。多见于沼泽、池塘以及湖泊或有覆盖物的溪流。

交配中的黑颈䴙䴘　摄影 / 韩雪松

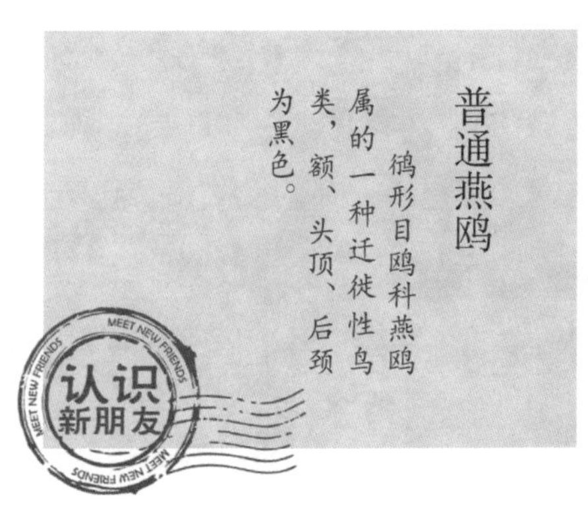

普通燕鸥

鸻形目鸥科燕鸥属的一种迁徙性鸟类，额、头顶、后颈为黑色。

戏水的普通燕鸥　摄影 / 韩雪松

数量众多的雁鸭

在青藏高原，唯一能在数量上与斑头雁相提并论的恐怕只有赤麻鸭（学名 *Tadorna ferruginea*）了。在青藏高原的寺院中，僧人认为赤麻鸭是“喇嘛的鸟”——橙黄色的羽毛好似喇嘛的衣衫，浑厚洪亮的叫声恰似寺院里悠长的号角声。但是，同斑头雁雌雄羽色相似所不同的是，我们可以通过赤麻鸭颈部是否有黑环区分出雄性和雌性。

赤麻鸭飞过高原湿地　　摄影 / 韩雪松

除以上种类外，翘鼻麻鸭（学名 *Tadorna tadorna*）、绿头鸭、赤颈鸭（学名 *Anas penelope*）、绿翅鸭（学名 *Anas crecca* ）、赤膀鸭（学名 *Mareca strepera*）等也是高原湿地中常见的雁鸭。行走在青藏高原的湿地边缘，一定能看到这些可爱的鸭子撅起屁股，把头栽进水里觅食，样子十分滑稽可爱。

赤麻鸭

雁形目鸭科麻鸭属，体型大的橙栗色鸭，以各种谷物、昆虫和水生动植物为食。在中国广泛地繁殖于东北、西北地区及青藏高原海拔4600米处，飞至长江以南越冬。

摄影／胡刚

翘鼻麻鸭

雁形目鸭科麻鸭属鸟类，中等体型，羽色鲜艳而醒目。在雄鸟赤红色喙的基部，具有一个突出的红色皮质瘤，因而得名『翘鼻麻鸭』。食性较杂，在中国东北至西北地区繁殖，主要在长江以南和沿海越冬。

摄影／胡刚

赤颈鸭

雁形目鸭科Mareca属鸟类，中等体型，头部较大。雄鸟头顶皮黄色的羽冠。主要以植物为食，繁殖于中国东北至俄罗斯等地，在中国东部及台湾等地区越冬。

摄影 / 胡刚

绿翅鸭

雁形目鸭科鸭属鸟类，体型小而飞行迅速。主要以水生植物为食，繁殖于中国东北至西北地区以及俄罗斯和蒙古国等国家。在中国中部和南部地区越冬，分布广泛。

摄影 / 胡刚

赤膀鸭

雁形目鸭科Mareca属鸟类，是中等体型的灰色鸭。主要以植物为食，喜欢栖息在内陆水域，繁殖于东北至西北地区，主要在长江以南越冬。

摄影 / 胡刚

不过，在众多撅起屁股头栽水下的雁鸭中，有几只却整个身子潜入了水下，半分钟后又从相距几十米远的地方钻出了水面，口中叼着鱼虾或水草，这就是“潜水的鸭子”——潜鸭（属名 *Aythya*）。

潜鸭

雁形目鸭科的一个属，属于游禽。不同于赤麻鸭、翘鼻麻鸭等麻鸭，以及绿头鸭、赤膀鸭等河鸭，潜鸭的体表脂肪含量较低，使得它们可以轻易地潜入水中，到更深的地方觅食。潜鸭的种类较多，有头部暗红色的红头潜鸭，『扎着小辫儿』的凤头潜鸭，白色眼睛的白眼潜鸭，以及喙部鲜红的赤嘴潜鸭。不同潜鸭因为相近的生活习性常常混在一起，甚至杂交。

一对赤嘴潜鸭　　摄影 / 韩雪松

中间是红头潜鸭与凤头潜鸭的杂交个体　摄影 / 韩雪松

一只黑颈鹤飞过头顶
摄影 / 韩雪松

高原湿地的“神鸟”

这些水鸟或行为多样、体色艳丽，或憨态可掬、滑稽可爱。若谈到青藏高原湿地中当之无愧的“神鸟”，则非黑颈鹤莫属。

在全球 15 种鹤类中，黑颈鹤是唯一繁殖和越冬都在高海拔地区的，是青藏高原及周边地区的特有物种。它的体羽洁白、动作高雅，这些特征使得黑颈鹤远远不同于其他水鸟而“鹤立鸟群”。

每年 3 月底 4 月初，黑颈鹤从青藏高原南部的越冬地经过近千公里的长途飞行抵达繁殖地，并在接下来的繁殖期完成求偶、交配、孵卵、育雏等一系列工作，最终在 10 月初带领小黑颈鹤返回越冬地。

在藏地的神话传说中，黑颈鹤被世代生活在高原上的藏族同胞赋予了很多特殊的含义。在青海湖地区，黑颈鹤是“格萨尔王的马倌”；在果洛的藏区，黑颈鹤是“远嫁女孩的乡愁”。正因黑颈鹤几乎局限于藏地的分布及其在藏族神话和传说中的形象，其又被称作“藏鹤”。

在高原上，黑颈鹤具有了丰富的文化内涵
摄影 / 韩雪松

高原湿地鸟类的生存危机

近年来，随着全球气候变化和人类活动的加剧，黑颈鹤等高原湿地鸟类面临诸多威胁。水位上涨导致其巢址被淹，旅游业的过度开发导致其巢址被破坏等。一系列问题使得黑颈鹤等高原鸟类的生存前景堪忧。

只有公众对高原湿地鸟类有了更多的关注，才能使其生存问题尽早被重视，进而促使科研机构及保护组织等专业机构开展有针对性的活动来化解危机。只有如此，独特而多样的湿地鸟类才能长鸣在青藏高原上，周而复始，生生不息。

高原湿地

在2.8亿年前，现在的青藏高原还是横贯欧亚大陆南部的汪洋。在随后2亿多年的地质活动中，印度板块不断向北移动、碰撞、挤压，直至插入古洋壳下，使得亚洲板块不断抬升，最终形成了平均海拔在4500米以上的『世界屋脊』——青藏高原。

正因如此，青藏高原中部地势平坦开阔，而受到碰撞与挤压的边缘地区则高山密布、陡峭险峻。高海拔所带来的低温条件使得青藏高原保有了世界上绝大多数的中纬度冰川，以及面积最大的冻土区。

水，是生命的起点，也是广袤高原的血液。每当春季到来时，消融的冰雪自高山之巅的冰川顺流而下，汇成溪流，在山间的平坦地势中积聚，为湿地的形成提供了充足的水源，进而为不同类群的鸟类提供了丰富且多样的生存环境。

本文原创者

韩雪松

自2012年起从事青藏高原生物多样性的景观生态学及保护生物学研究。2018年加入山水自然保护中心，在三江源项目中负责河岸生态系统及湿地生态系统的调查、研究及保护工作。

山水自然保护中心（简称“山水”）成立于2007年，专注于对物种和栖息地的保护，希望通过生态保护与经济社会发展之间的平衡，示范解决人与自然和谐共生的路径和方法。“山水”关注的，既有青藏高原的雪豹、西南山地的大熊猫、金丝猴等物种，也有城市周边的大自然。“山水”携手当地社区开展保护实践，基于公民科学进行系统研究，探索创新的解决方案，提炼保护知识和经验，以期实现生态公平。